工程施工安全必读系列

建筑工程

吴丽娜　主编

中国铁道出版社

2012年·北京

内 容 提 要

本书以问答的形式介绍了施工现场的隐患和防范、地基基础工程、砌体工程、模板工程、脚手架工程、钢筋混凝土工程的施工安全技术，做到了技术内容最新、最实用，文字通俗易懂，语言生动，并辅以直观的图表，能满足不同文化层次的技术工人和读者的需要。

图书在版编目(CIP)数据

建筑工程/吴丽娜主编．—北京：中国铁道出版社，2012.5
（工程施工安全必读系列）
ISBN 978-7-113-13801-1

Ⅰ.①建…　Ⅱ.①吴…　Ⅲ.①建筑工程－工程施工－安全技术－问题解答　Ⅳ.①TU714-44

中国版本图书馆 CIP 数据核字(2011)第 223784 号

书　　名：工程施工安全必读系列
建 筑 工 程
作　　者：吴丽娜

策划编辑：江新锡
责任编辑：曹艳芳　陈小刚　**电话**：010－51873193
封面设计：郑春鹏
责任校对：王　杰
责任印制：郭向伟

出版发行：中国铁道出版社（100054，北京市西城区右安门西街 8 号）
网　　址：http://www.tdpress.com
印　　刷：北京市燕鑫印刷有限公司
版　　次：2012 年 5 月第 1 版　2012 年 5 月第 1 次印刷
开　　本：850mm×1168mm　1/32　**印张**：4.125　**字数**：113 千
书　　号：ISBN 978-7-113-13801-1
定　　价：11.00 元

工程施工安全必读系列
编写委员会

前言

建设工程安全生产工作不仅直接关系到人民群众生命和财产安全，而且关系到经济建设持续、快速、健康发展，更关系到社会的稳定。如何保证建设工程安全生产，避免或减少安全事故，保护从业人员的安全和健康，是工程建设领域急需解决的重要课题。从我国建设工程生产安全事故来看，事故的根源在于广大从业人员缺乏安全技术与安全管理的知识和能力，未进行系统的安全技术与安全管理教育和培训。为此，国家建设主管部门和地方先后颁布了一系列建设工程安全生产管理的法律、法规和规范标准，以加强建设工程参与各方的安全责任，强化建设工程安全生产监督管理，提高我国建设工程安全水平。

为满足建设工程从业人员对专业技术、业务知识的需求，我们组织有关方面的专家，在深入调查的基础上，以建设工程安全员为主要对象，编写了工程施工安全必读系列丛书。

本丛书共包括以下几个分册：

- **《建筑工程》**
- **《安装工程》**
- **《公路工程》**

《市政工程》

《园林工程》

《装饰装修工程》

《铁路工程》

本丛书依据国家现行的工程安全生产法律法规和相关规范规程编写，总结了建筑施工企业的安全生产管理经验，此外本书集建筑施工安全管理技术、安全管理资料于一身，通过大量的图示、图表和翔实的文字，使本书图文并茂，具有实用性、科学性和指导性。本书完全按照新标准、新规范的要求编写，以利于施工现场管理人员随时学习及查阅。

本书对提高施工现场安全管理水平、人员素质，突出施工现场安全检查要点，完善安全保障体系，具有较强的指导意义。该书是一本内容实用、针对性强、使用方便的安全生产管理工具书。

编者

2012 年 3 月

目 录

第一章　基本的建筑施工安全知识

第二章　建筑施工现场安全隐患和防范

第三章　地基基础工程施工安全

目 录

第四章　砌体工程施工安全

第五章　模板工程施工安全

第六章　脚手架工程施工安全

第七章 钢筋混凝土工程施工安全

第一章 基本的建筑施工安全知识

怎样防止违章和事故的发生？

施工现场防止违章和事故，要做到“十不盲目操作”。

(1)隐患未排除，有自己伤害自己，自己伤害他人，自己被他人伤害的不安全因素存在时，不盲目操作。

(2)特殊工种人员、机械操作工未经专门安全培训，无有效安全上岗操作证，不盲目操作。

(3)新工人未经三级安全教育，复工换岗人员未经安全岗位教育，不盲目操作。

(4)新技术、新工艺、新设备、新材料、新岗位无安全措施，未进行安全培训教育、交底，不盲目操作。

(5)施工环境和作业对象情况不清，施工前无安全措施或作业安全交底不清，不盲目操作。

(6)脚手、吊篮、塔式起重机、井字架、龙门架、外用电梯、起重机械、电焊机、钢筋机械、木工平刨、圆盘锯、搅拌机、打桩机等设施设备和现浇混凝土模板支撑、搭设安装后，未经验收合格，不盲目操作。

(7)安全帽和作业所必需的个人防护用品不落实，不盲目操作。

(8)凡上级或管理干部违章指挥，有冒险作业情况时，不盲目操作。

(9)作业场所安全防护措施不落实，安全隐患不排除，威胁人身和国家财产安全时，不盲目操作。

(10)高处作业、带电作业、禁火区作业、易燃易爆作业、爆破性作业、有中毒或窒息危险的作业和科研实验等其他危险作业的，均应由上级指派，并经安全交底；未经指派批准、未经安全交底和无安全防护措施的，不得盲目操作。

怎样维持施工现场安全纪律？

(1)热爱本职工作，努力学习，增强政治觉悟，提高业务水平和操作技能，积极参加安全生产的各种活动，提出改进安全工作的意见，搞好安全生产。

(2)正确使用防护装置和防护设施，对各种防护装置、防护设施和警告、安全标志等不得随意拆除和随意挪动。

(3)严格执行操作规程，不得违章指挥和违章作业，对违章作业的指令有权拒绝，并有责任制止他人违章作业。

(4)遵守劳动纪律，服从领导和安全检查人员的指挥，工作时集中思想，坚守岗位，未经许可不得从事非本工种作业，严禁酒后上班，不得到禁止烟火的地方吸烟、动火。

(5)在施工现场行走要注意安全，不得攀登脚手架、井字架、龙门架和随吊盘上下。

(6)按照作业要求正确穿戴个人防护用品，进入现场必须戴好安全帽，在没有防护设施的高空、悬崖和陡坡施工必须系好安全带，高处作业不得穿硬底和带钉易滑的鞋，不得往下投掷物料，严禁赤脚或穿高跟鞋、拖鞋进入施工现场。

怎样防止车辆伤害？

(1)未经劳动、公安交通部门培训合格持证人员，不熟悉车辆性能者不得驾驶车辆。

(2)人员在场内机动车遵应避免右侧行走，并做到不并排结队有碍交通；避让车辆时，应不避让于两车交会之中，不站于旁有堆物无法退让的死角。

(3)严禁翻斗车、自卸车车厢乘人，严禁人货混装，车辆载货应不超载、超高、超宽，捆扎应牢固可靠，应防止车内物体失稳跌落伤人。

(4)应坚持做好例保工作,车辆制动器、喇叭、转向系统、灯光等影响安全的部件如作用不良不准出车。

(5)车辆进出施工现场,在场内掉头、倒车,在狭窄场地行驶时应有专人指挥。

(6)现场行车进场要减速,并做到"四慢",即道路情况不明要慢,线路不良要慢,起步、会车、停车要慢,在狭路、桥梁弯路、坡路、岔道、行人拥挤地点及出入大门时要慢。

(7)乘坐车辆应坐在安全处,头、手、身不得露出车厢外,要避免车辆启动制动时跌倒。

(8)装卸车作业时,若车辆停在坡道上,应在车轮两侧用楔形木块加以固定。

(9)在临近机动车道的作业区和脚手架等设施周围,以及在道路中的路障应加设安全色标、安全标志和防护措施,并要确保夜间有充足的照明。

(10)机动车辆不得牵引无制动装置的车辆,牵引物体时物体上不得有人;人不得进入正在牵引的物与车之间;在坡道上牵引时,车和被牵引物下方不得有人作业和停留。

怎样防止触电?

(1)禁止使用照明器烘烧、取暖,禁止擅自使用电炉和其他电加热器。

(2)在架空输电线路附近工作时,应停止输电,不能停电时,应有隔离措施,要保证安全距离,防止触碰。

(3)电气线路或机具发生故障时,应找电工处理,非电工不得自行修理或排除故障。

(4)使用振捣器等手持电动机械或其他电动机械从事湿作业时,要由电工接好电源,安装上漏电保护器,操作者必须穿戴好绝缘鞋、绝缘手套后再进行作业。

(5)非电工严禁拆接电气线路、插头、插座、电气设备、电灯等。

(6)搬迁或移动电气设备必须先切断电源。

(7)禁止在电线上挂晒物料。

(8)搬运钢筋、钢管及其他金属物时,严禁触碰到电线。

(9)使用电气设备前必须要检查线路、插头、插座、漏电保护装置是否完好。

(10)电线必须架空,不得在地面、施工楼面随意乱拖,若必须通过地面、楼面时应有过路保护,物料、车、人不准压踏碾磨电线。

怎样防止高处作业时物体坠落?

(1)高处作业人员必须着装整齐,严禁穿硬塑料底等易滑鞋、高跟鞋,工具应随手放入工具袋。

(2)进行悬空作业时,应有牢靠的立足点并正确系挂安全带;现场应视具体情况配置防护栏网、栏杆或其他安全设施。

(3)在进行攀登作业时,攀登用具结构必须牢固牢靠,使用必须正确。

(4)高处作业时,不准往下或向上乱抛材料和工具等物件。

(5)施工人员应从规定的通道上下,不得攀爬脚手架、跨越阳台,在非规定通道进行攀登、行走。

(6)高处作业人员严禁相互打闹,以免失足发生坠落危险。

(7)高处作业时,所有物料应该堆放平稳,不可放置在临边或洞口附近,万不可阻碍通行。

(8)高处拆除作业时,对拆卸下的物料、建筑垃圾都要加以清理和及时运走,不得在走道上任意乱置或向下丢弃,保持作业走道畅通。

(9)各类手持机具使用前应检查,确保安全牢靠。洞口临边作业应防止物体坠落。

(10)各施工作业场所内,凡有坠落可能的任何物料,都应先行撤除或加以固定,拆卸作业要在设禁区、有人监护的条件下进行。

第二章 建筑施工现场安全隐患和防范

怎样防范土石方工程存在的安全事故隐患？

(1)开挖前应摸清地下管线，应制定应急措施。

(2)土方施工时放坡和支护必须符合规定。

(3)机械设备施工与槽边安全距离应符合规定。

(4)开挖深度超过 2 m 的沟槽，应按标准设围栏防护和密目安全网封挡。

(5)地下管线和地下障碍物应探明，禁止管线 1 m 内机械挖土。

(6)超过 2 m 的沟槽，应搭设上下通道，危险处应设红色标志灯。

(7)应设置有效的排水挡水措施。

(8)配合作业人员和机械之间应有一定的距离。

(9)打夯机传动部位应设置防护。

(10)打夯机应在使用前检查。

(11)打夯机必须漏电保护和接地接零。

(12)电缆线禁止在打夯机前经过。

(13)挖土过程中土体产生裂缝，应及时采取措施而继续作业。

(14)回土前不能拆除基坑支护的全部支撑。

(15)挖土机械碰到支护、桩头，挖土时动作不宜过大。

(16)在沟、坑、槽边沿 1 m 内禁止堆土、堆料、停置机具。

(17)雨后作业前应检查土体和支护的情况。

(18)机械在输电线路下必须空开安全距离。

(19)进出口的地下管线必须加固保护。

(20)场内道路损坏必须整修。

(21)铲斗禁止从汽车驾驶室上过。

(22)禁止在支护和支撑上行走、堆物。

怎样防范基坑支护工程存在的安全事故隐患?

(1)基础施工有支护方案,方案有针对性。基坑深度超过 5 m 的,有专项设计。

(2)基坑临边防护措施必须符合要求。

(3)坑槽开挖设置的安全边坡必须符合安全坡度要求。

(4)基坑施工必须设置有效的排水措施,深基础施工不能采用坑外排水,有防止临近建筑物危险沉降的措施。

(5)基坑周边弃土堆料距坑边的距离应符合设计和规范的规定。

(6)基坑内作业人员上下通道的搭设必须符合规定。

(7)土方开挖时,禁止从坑槽壁中、下部往内挖凹进去,让中、上部土体自然垮塌。

(8)机械挖土,挖土机作业位置应牢固。

怎样防范模板工程存在的安全事故隐患?

(1)有模板工程施工方案。

(2)现浇混凝土模板支撑系统应有设计计算书,支撑系统应符合规范要求。

(3)支撑模板的立柱材质及间距应符合要求。

(4)立柱长度必须一致,不能采用接短柱加长,交接处必须牢固,不能在立柱下垫几皮砖加高。

(5)必须按规范要求设置纵横向支撑。

(6)木立柱下端必须锯平,下端有垫板。

(7)混凝土浇灌运输道必须平稳、必须牢固。

(8)作业面孔洞及临边必须有防护措施。

(9)垂直作业上下必须有隔离防护措施。

(10)2 m 以上高处作业必须有可靠立足点。

怎样防范脚手架工程存在的安全事故隐患?

(1)脚手架有搭设方案,尤其是落地式脚手架,项目经理将脚手架的施工承包给架子工,架子工必须编制脚手架施工方案。

(2)门形等脚手架必须有设计计算书。

(3)脚手架与建筑物的拉结应牢固。

(4)杆件间距与剪刀撑的设置应符合规范的规定。

(5)脚手板、立杆、大横杆、小横杆材质应符合要求。

(6)施工层脚手板必须铺满。

(7)脚手架搭设前应进行交底,项目经理部施工负责人应组织脚手架分段及搭设完毕的检查验收。

(8)脚手架上材料堆放应均匀,荷载不能超过规定。

(9)通道及卸料平台的防护栏杆应符合规范规定。

(10)地式和门形脚手架基础应平整、牢固,扫地杆符合要求。

(11)挂、吊脚手架制作组装应符合设计要求。

(12)附着式升降脚手架的升降装置、防坠落、防倾斜装置应符合要求。

(13)脚手架搭设及操作人员必须经过专业培训才能上岗。

怎样防范钢筋工程存在的安全事故隐患?

(1)不能在钢筋骨架上行走。

(2)绑扎独立柱头时不能站在钢箍上操作。

(3)绑扎悬空大梁时不能站在模板上操作。

(4)钢筋不能集中堆放在脚手和模板上。

(5)钢筋成品不能堆放过高。

(6)模板上堆料处不能靠近临边洞口。

(7)钢筋机械无人操作时必须切断电源。

(8)工具、钢箍短钢筋不能随意放在脚手板上。

(9)钢筋工作棚内照明灯必须有防护。

(10)钢筋搬运场所附近不能障碍。

(11)操作台上钢筋头必须清理。

(12)钢筋搬运场所附近不能有架空线路。

(13)用木料、管子、钢模板不能穿在钢箍内作立人板。

(14)机械安装必须坚实稳固,机械有专用的操作棚。

(15)起吊钢筋规格长短统一。

(16)起吊钢筋下方不能站人。

(17)起吊钢筋挂钩位置必须符合要求。

(18)钢筋在吊运中禁止降到 1 m 就靠近。

怎样防范混凝土工程存在的安全事故隐患?

(1)泵送混凝土架子搭设必须牢靠。

(2)混凝土施工高处作业必须有防护。

(3)2 m 以上小面积混凝土施工必须有牢靠立足点。

(4)运送混凝土的车道板搭设两头应当搁置平稳。

(5)禁止用电缆线拖拉或吊挂插入式振动器。

(6)2 m 以上的高空悬挑必须设置防护栏杆。

(7)板墙独立梁柱混凝土施工时,禁止站在模板或支撑上。

(8)运送混凝土的车子向料斗倒料,必须有挡车措施。

(9)清理地面时禁止向下乱抛杂物。

(10)运送混凝土的车道板宽度不宜过小(单向不宜小于 1.4 m,双向不宜小于 2.8 m)。

(11)料斗在临边时禁止人员站在临边一侧。

(12)井架运输禁止小车把伸出笼外。

(13)插入式振动器电缆线必须满足所需的长度。

(14)运送混凝土的车道板下,横楞顶撑应按规定设置。

(15)使用滑槽操作部位应设置护身栏杆。

(16)插入式振动器在检修作业间必须切断电源。

(17)插入式振动器电缆线不能被挤压。

(18)运料中禁止相互追逐超车,卸料时禁止双手脱把。

(19)运送混凝土的车道板上应清除杂物砂等。
(20)混凝土滑槽必须固定牢靠。
(21)插入式振动器的软管不能断裂。
(22)禁止站在滑槽上操作。
(23)预应力墙砌筑前应对土体的情况检查。

怎样防范砌筑工程存在的安全事故隐患?

(1)基础墙砌筑前应对土体的情况进行检查。
(2)垂直运砖的吊笼绳索必须符合要求。
(3)人工传砖时脚手板不宜过窄。
(4)砖输送车在平地上间距不宜小于 2 m。
(5)操作人员禁止踩踏砌体和支撑上下基坑。
(6)破裂的砖块禁止在吊笼的边沿。
(7)同一块脚手板上操作人员不宜多于 2 人。
(8)禁止在无防护的墙顶上作业。
(9)禁止站在砖墙上进行作业。
(10)禁止砌筑工具放在临边等易坠落的地方。
(11)禁止内脚手架未按有关规定进行搭设。
(12)禁止砍砖时向外打碎砖。
(13)操作人员必须有可靠的安全通道上下。
(14)脚手架上的冰霜积雪杂物必须清除。
(15)砌筑楼房边沿墙体时应安设安全网。
(16)脚手架上堆砖高度不应超过 3 皮侧砖。
(17)砌好的山墙必须做加固措施。
(18)吊重物时不能用砌体做支撑点。
(19)在基坑边 1.5 m 内禁止砖等材料堆放。
(20)禁止在砌体上拉缆风绳。
(21)收工时应做到工完场清。
(22)雨天必须对刚砌好的砌体做防雨措施。
(23)禁止砌块未就位放稳就松开夹具。

怎样防范施工现场临时用电作业存在的安全事故隐患？

(1)必须按要求使用安全电压。

(2)停用设备必须拉闸断电，锁好开关箱。

(3)电气设备设施必须采用合格产品。

(4)灯具金属外壳必须做保护接零。

(5)电箱内的电器和导线不能有带电明露部分，相线不能使用端子板连接。

(6)电缆过路必须有保护措施。

(7)36 V安全电压照明线路清晰和禁止接头处未用绝缘胶布包扎。

(8)电工作业必须穿绝缘鞋，作业工具绝缘设施完好无损。

(9)禁止用铝导体、螺纹钢作接地体或垂直接地体。

(10)配电必须符合三级配电二级保护的要求。

(11)搬迁或移动用电设备必须切断电源，必须经电工妥善处理。

(12)手持照明灯应使用36 V及以下电源供电。

(13)禁止施工用电设备和设施线路裸露，电线老化破皮未包。

(14)禁止照明线路混乱，接头未绝缘。

(15)停电时必须挂警示牌，带电作业现场必须有监护人。

(16)禁止保护零线和工作零线混接。

(17)配电箱的箱门内必须有系统图和开关电器必须标明用途并且有专人负责。

(18)必须使用五芯电缆，禁止使用四芯加一芯代替五芯电缆。

(19)外电与设施设备之间的距离不能小于安全距离又无防护或防护措施不符合要求。

(20)电气设备发现问题必须及时请专业电工检修。

(21)高压设备必须采用屏蔽保护。

(22)在潮湿场所必须使用安全电压。

(23)禁止用电器一次线长度超过规定。

(24)闸刀损坏或闸具必须符合要求。

(25)禁止电箱无门、无锁、无防雨措施。

(26)Ⅰ类手持移动工具必须有保护接零,必须使用绝缘手套。

(27)Ⅱ类手持移动工具必须使用绝缘用品。

(28)电箱安装位置应适合,必须有明显的安全标志。

(29)高度小于 2.4 m 的室内必须用安全电压。

(30)禁止现场缺乏相应的专业电工,电工不掌握所有用电设备的性能。

(31)禁止接触带电导体或接触与带电体(含电源线)连通的金属物体。

(32)禁止用其他金属丝代替熔丝。

(33)开关箱必须有漏电保护器。

(34)各种机械必须做保护接零。

怎样防范施工现场临时用电作业中接零接地及防雷存在的安全事故隐患?

(1)固定式设备必须使用专用开关箱,必须执行“一机、一闸、一漏、一箱”的规定。

(2)禁止施工现场的电力系统利用大地作相线和零线。

(3)电气设备的不带电的外露导电部分,必须做保护接零。

(4)禁止使用绿/黄双色线做负荷线。

(5)现场专用中性点直接接地的电力线路必须采用 TN—S 接零保护系统。

(6)作防雷接地的电气设备必须同时做重复接地。

(7)保护零线必须单独敷设,禁止作他用。

(8)电力变压器的工作接地电阻不能大于 4 Ω。

(9)塔式起重机(含外用电梯)的防雷冲击接地电阻值不能大于 10 Ω。

(10)保护零线装置设开关或熔断器,零线不能有拧缠式接头。

(11)禁止同一供电系统一部分设备作保护接零,另一部分设备做保护接地(除电梯、塔式起重机设备外)。

(12)保护零线必须按规定在配电线路中做重复接地。

(13)禁止重复接地装置的接地电阻值大于10 Ω。

(14)潮湿和条件特别恶劣的施工现场的电气设备必须采用保护接零。

怎样防范施工现场外电防护存在的安全事故隐患?

(1)起重机和吊物边缘与架空线的最小水平距离不能小于安全距离,必须搭设安全防护设施;必须悬挂醒目的警告标示牌。

(2)禁止在高低压线路下施工、搭设作业棚、建造生活设施或堆放构件、架体和材料。

(3)禁止机动车道和架空线路交叉,垂直距离不能小于安全距离。

(4)土方开挖非热管道与埋地电缆之间的距离不能小于0.5 m。

(5)架设外电防护设施必须有电气工程技术人员和专职安全员负责监护。

(6)外电架空线路附近开沟槽时必须有防止电杆倾倒措施。

(7)在建工程和脚手架外侧边缘与外电架空线路的边线必须达到安全距离且必须采取防护措施;必须悬挂醒目的警告标示牌。

怎样防范物料提升机存在的安全事故隐患?

(1)禁止吊篮无停靠装置。

(2)禁止吊篮无超高限位装置。

(3)应当设置缆风绳。

(4)缆风绳必须使用钢丝绳,缆风绳的组数、角度、地锚必须符合要求。

(5)架体与建筑结构连墙杆的设置必须符合要求。

(6)钢丝绳磨损不能超过报废标准。

(7)禁止钢丝绳无过路保护。

(8)禁止钢丝绳拖地。

(9)楼层卸料平台的防护必须符合要求。

(10)地面进料口必须有防护棚。

(11)禁止吊篮无安全门,违章乘坐吊篮上下。

(12)架体垂直度偏差不能超过规定。

(13)禁止卷筒上无防止钢丝绳滑脱保险装置。

(14)禁止无联络信号。

(15)在相邻建筑物防雷保护范围以外必须有避雷装置。

怎样防范塔式起重机存在的安全事故隐患?

(1)必须有力矩限制器。

(2)必须有超高、变幅、行走限位器。

(3)禁止吊钩无保险装置。

(4)禁止卷扬机滚筒无保险装置。

(5)上人爬梯必须有护圈或护圈不符合要求。

(6)塔式起重机高度超过规定,必须安装附墙装置。

(7)附墙装置应符合说明书规定。

(8)禁止无夹轨钳或有夹轨钳不用。

(9)必须有安装及拆卸施工方案。

(10)禁止司机或指挥人员无证上岗。

(11)禁止路基不坚实、不平整,无排水措施。

(12)轨道应有极限位置阻挡器。

(13)行走塔式起重机应有卷线器或卷线器失灵,高塔基础应符合设计要求。

(14)塔式起重机与架空线路不应小于安全距离,必须有防护措施。

(15)禁止道轨无接地、接零,或接地接零不符合要求。

怎样防范起重机存在的安全事故隐患?

(1)起重吊装作业必须有方案,有作业方案必须经上级审批。

(2)禁止起重机无超高和力矩限制器。

(3)禁止起重机吊钩无保险装置。

(4)禁止起重扒杆组装不符合设计要求。

(5)禁止钢丝绳磨损、断丝超标。

(6)缆风绳安全系数不应小于3.5。

(7)吊点位置应符合设计规定。

(8)司机或指挥应持证上岗。

(9)起重机作业路面地耐力应符合说明书要求。

(10)禁止被吊物体重量不明就吊装,禁止超载作业。

(11)结构吊装应设置防坠落措施。

(12)作业人员必须系安全带或禁止安全带无牢靠挂点。

(13)禁止人员上下无专用爬梯、斜道。

(14)作业平台临边防护应符合要求,作业平台脚手板必须满铺。

(15)起重吊装作业人员应有可靠立足点。

(16)禁止物件堆放超高、超载。

怎样防范施工机具存在的安全事故隐患?

(1)平刨、圆盘锯、钢筋机械、手持电动工具、搅拌机必须做保护接零和无漏电保护器,传动部位应有防护罩,护手、手柄等无安全装置,安装后均应验收合格手续。

(2)禁止平刨和圆盘锯合用一台电机。

(3)使用Ⅰ类手持电动工具必须按规定穿戴绝缘用品。

(4)电焊机应有二次空载降压保护器或无触电保护器,一次线长度不能超过规定,电源应使用自动开关,焊线接头不能超过3处或绝缘老化,应有防雨罩。

(5)搅拌机作业台应平整、安全,应有防雨棚,料斗应有保险挂钩。

(6)气瓶存放应符合要求,气瓶相互间距和气瓶与明火间距应符合规定,应有防震圈和防护帽。

(7)翻斗车自动装置应灵敏,禁止司机无证驾车或违章驾车。

(8)潜水泵保护装置应当灵敏。

(9)打桩机械应有超高限位装置,其行走路线地耐力应符合说明书的规定。

怎样防范钢筋弯曲机存在的安全事故隐患?

(1)开机前应检查轴、防护等。

(2)工作台和弯曲台应在一个平面上。

(3)转轮部件应有防护罩。

(4)作业时调整速度不能更换轴芯。

(5)禁止作业半径内和机身不设固定销的一侧站人。

(6)禁止成品堆放时弯钩向上。

(7)禁止对超过铭牌规定直径的钢筋加工。

(8)禁止强行超过该机对钢筋直径、根数及机械转速的规定进行弯曲作业。

怎样防范钢筋切断机存在的安全事故隐患?

(1)切断机开机前应检查刀具状况和紧固状况。

(2)禁止机器未达到正常转速就送料。

(3)禁止运转中检修机械。

(4)长料加工时应有人员帮扶。

(5)禁止剪切超过铭牌规定直径的材料。

(6)切断机调直块应固定,禁止防护罩未盖好就送料。

(7)禁止运转中用手清除切刀附近的杂物。

(8)禁止非电工人员盲目排除电路故障。

(9)禁止钢筋送入后手与切刀接近。

(10)禁止切短料时不用套管或夹具。

(11)禁止人员两手分在刀片两边握住钢筋伏身送料。

怎样防范预应力机械存在的安全事故隐患？

(1)应当按高压油泵启动程序启动。
(2)禁止任意调节安全阀额定油压。
(3)禁止高压油泵超载作业。
(4)禁止在有压力的情况下拆卸液压机的零件。
(5)禁止张拉时手摸脚踩钢丝绳。
(6)禁止被拉钢丝绳两端头应完好无损。
(7)禁止张拉时两端有人员站立。
(8)测量钢丝绳伸长时应停止拉伸。
(9)高压油泵压力应回零才能卸开通往千斤顶的油管接头。

怎样防范冷拉机械存在的安全事故隐患？

(1)作业前应检查夹具、滑轮、地锚等。
(2)禁止作业区间有人员。
(3)禁止装设的灯在 5 m 以下并无防护。
(4)冷拉现场应安装防护栏杆和警告标志。
(5)张拉区内应装设夜间照明灯。
(6)冷拉场地应设置警戒区。
(7)操作人员在作业时距离钢筋 2 m 外。
(8)卷扬机人员必须看到指挥人员发信号才能开机。
(9)作业后应放松钢丝绳。

怎样防范混凝土搅拌机存在的安全事故隐患？

(1)进场后应进行验收。
(2)作业前应进行试机。
(3)有人进入筒内操作时必须有专人监护。
(4)上料斗和地面之间应有缓冲物。

(5)检修料斗清理料坑时应把料斗固定。
(6)料斗升起时禁止人员在料斗下。
(7)电动搅拌机的操作台必须绝缘措施。
(8)作业后应将料斗降落在坑底。
(9)搅拌机运输时应将料斗固定。
(10)进料时头、手伸禁止料斗和机架之间。
(11)各个转动机构应有防护罩。
(12)运转时用手或工具禁止伸入筒内扒料。
(13)必须使用保护接零或接地电阻必须符合规定。

怎样防范混凝土泵存在的安全事故隐患?

(1)作业前应对泵的整体做检查。
(2)垂直泵送管道不能直接接在泵的输出口上。
(3)禁止将磨损的管道用在高压区。
(4)禁止泵送时调整修理正在运转的部件。
(5)禁止泵送管道和脚手架相连。
(6)泵送管道敷设后必须进行耐压试验。
(7)禁止泵送管道与钢筋和模板直接连接。
(8)泵送管道和支架之间应用缓冲物。
(9)禁止泵机运转时铁锹伸入料斗。
(10)混凝土泵应停放稳当就作业。
(11)禁止泵送材料粒径超过泵机可泵性要求。
(12)用压缩空气冲洗管道时,禁止管道前方 10 m 内站人。

怎样防范混凝土切割机存在的安全事故隐患?

(1)锯片升降机构应灵活。
(2)锯片选用应符合要求。
(3)禁止电源线路破损或有明接头。
(4)禁止操作时戴手套。

(5)禁止不按铭牌规定超厚切割。
(6)禁止推时用力过猛。
(7)禁止在运转中检查维修。
(8)禁止构件锯缝中的碎屑用手拣拾。

怎样防范平刨机存在的安全事故隐患？

(1)禁止使用双向倒顺开关。
(2)刀片应完好无损。
(3)禁止戴手套送料接料。
(4)禁止未做保护接零，无漏电保护器。
(5)禁止无人操作时未切断电源。
(6)禁止平刨时手在料后推送。
(7)刨短料时必须用压板和推棍。
(8)禁止在刨口上方回料。
(9)各种机械的接地接零应符合要求。
(10)禁止手按在节疤上推料。
(11)禁止不切断电源或摘掉皮带就换刀片。
(12)设备电气绝缘电阻不应低于 0.5 MΩ。
(13)进行操作时动作不宜过大。
(14)刀片的安装应符合要求。
(15)刨长度不宜短于前后压滚距离的料。
(16)禁止在机器运转时清理杂物。
(17)各种机械必须使用专用的开关箱。
(18)禁止机器运转时在防护罩和台面上放物品。

怎样防范压刨机存在的安全事故隐患？

(1)各种机械必须使用专用的开关箱。
(2)禁止戴手套送料接料。
(3)送料接料必须和滚筒离开一定的距离。

(4)禁止使用双向倒顺开关。
(5)进行操作时动作过不宜大。
(6)禁止在机器运转时清理杂物。
(7)禁止机器运转时在防护罩和台面上放物品。
(8)刀片的安装应符合要求。
(9)刨长度不宜短于前后压滚距离的料。
(10)各种机械的接地接零应符合要求。
(11)禁止带电检修机械或更换机械部件。
(12)设备电气绝缘电阻不应低于0.5 MΩ。

怎样防范圆盘锯存在的安全事故隐患?

(1)锯片应完好无损。
(2)禁止操作时站在与锯片同一直线上。
(3)禁止在机器运转时清理杂物。
(4)锯片应有防护罩。
(5)禁止使用倒顺开关。
(6)禁止未安装分料器、隔离板。
(7)禁止锯超过锯片半径的木料。
(8)禁止机器运转时在防护罩和台面上放物品。
(9)进行操作时动作过不宜大。
(10)各种机械应使用专用的开关箱。
(11)禁止不切断电源或摘掉皮带就换刀片。
(12)禁止带电检修机械或更换机械部件。
(13)各种机械的接地接零应符合要求。
(14)设备电气绝缘电阻不应低于0.5 MΩ。

怎样防范空气压缩机存在的安全事故隐患?

(1)设备应有随机开关。
(2)动力为电动机的,绝缘电阻不应低于0.5 MΩ,或接零接地应符合使用要求。

(3)储气罐内压力不应超过铭牌规定压力。

(4)储气缸不能有裂缝、变形、锈蚀、泄露等缺陷,或应当定期耐压试验。

(5)动力为内燃机的,运行时不能有异声漏水漏油等现象;在室外时无机棚,周围应有防护栏杆。

(6)各部管路及所有密封面的接合处,无漏水、漏油、漏气、漏电现象。

(7)停机后应放尽罐内的存气。

(8)安全阀、控制阀、操纵装置、防护罩、联轴器等防护装置不能残缺不齐,压力、安全阀铅封应完好无损。

怎样防范砂浆机存在的安全事故隐患?

(1)砂浆机应有牢固的基础。

(2)砂浆机应有专用电箱。

(3)禁止带电检修机械。

(4)砂浆机应有随机开关。

(5)禁止砂子未过筛就使用。

(6)禁止运转时手或木棍等伸入搅拌筒内。

(7)禁止转动轴和传动部件没有防护罩。

怎样防范砂轮机存在的安全事故隐患?

(1)砂轮片使用到极限应更换。

(2)禁止利用砂轮侧面进行打磨作业。

(3)使用砂轮机时应戴防护眼镜。

(4)禁止用砂轮机切割短小材料。

(5)禁止使用砂轮机戴手套。

第三章 地基基础工程施工安全

怎样施工才能保障土石方工程的基本安全?

(1)大型土方和开挖较深的基坑工程,施工前要认真研究整个施工区域和施工场地内的工程地质和水文资料、邻近建筑物或构筑物的质量和分布状况、挖土和弃土要求、施工环境及气候条件等,编制专项施工组织设计(方案),制订有针对性的安全技术措施,严禁盲目施工。

(2)基坑开挖后应及时修筑基础,不得长期暴露。基础完毕,应抓紧基坑的回填工作。回填基坑时,必须事先基坑中不符合回填要求的杂物。在相对的两侧或四周均匀进行,并且分层夯实。

(3)施工机械进入施工现场所经过的道路、桥梁和卸车等,应事先做好检查和必要的加宽、加固工作。开工前好施工场地内机械运行的道路,开辟适当的工作面,以利安全施工。

(4)在饱和黏性土、粉土的施工现场不得边打桩边开挖基坑,应待桩全部打完并间歇一段时间后再开挖,以免影响边坡或基坑的稳定性,并应防止开挖基坑可能引起的基坑内外的桩产生过大位移、倾斜或断裂。

(5)土方开挖前,应会同有关单位对附近已有建筑物或构筑物、道路、管线等进行检查和鉴定,对可能受开挖和降水影响的邻近建(构)筑物、管线,应制订相应的安全技术措施,并在整个施工期间,加强监测其沉降和位移、开裂等情况,发现问题应与设计或建设单位协商采取防护措施,并及时处理。

相邻基坑深浅不等时,一般应按先深后浅的顺序施工,否则应分析后施工的深坑对先施工的浅坑可能产生的危害,并应采取必要的保护措施。

(6)山区施工,应事先了解当地地形地貌、地质构造、地层岩性、水文地质等,如因土石方施工可能产生滑坡时,应采取可靠的安全技术措施。在陡峻山坡脚下施工,应事先检查山坡坡面情况,如有危岩、孤石、崩塌体、石滑坡体等不稳定迹象时,应妥善处理后,才能施工。

(7)基坑开挖工程应验算边坡或基坑的稳定性,并注意由于土体内应力场变化和淤泥土的塑性流动而导致周围土体向基坑开挖方向位移,使基坑邻近建筑物等产生相应的位移和下沉。验算时应考虑地面堆载、地表积水和邻近建筑物的影响等不利因素,决定是否需要支护,选择合理的支护形式。在基坑开挖期间应加强监测。

(8)施工前,应对施工区域内存在的各种障碍物,如建筑物、道路、沟渠、管线、防空洞、旧基础、坟墓、树木等,凡影响施工的均应拆除、清理或迁移,并在施工前妥善处理,确保施工安全。

(9)挖土方前对周围环境要认真检查,不能在危险岩石或建筑物下面进行作业。

(10)基坑开挖深度超过 9 m(或地下室超过二层),或深度虽未超过 9 m,但地质条件和周围环境复杂时,在施工过程中要加强监测,施工方案必须由单位总工程师审定,报企业上一级主管部门备查。

(11)上下坑沟应先挖好阶梯或设木梯,不应踩踏土壁及其支撑上下。

(12)土方工程、基坑工程在施工过程中,如发现有文物、古迹遗址或化石等,应立即保护现场和报请有关部门处理。

(13)深基坑四周设防护栏杆,人员上下要有专用爬梯。

(14)用挖土机施工时,挖土机的工作范围内,不得有人进行其他工作;多台机械开挖,挖土机间距大于 10 m;挖土要自上而下,逐层进行,严禁先挖坡脚的危险作业。

(15)夜间施工时,应合理安排施工项目,防止挖方超挖或铺填超厚。施工现场应根据需要安设照明设施,在危险地段应设置红灯警示。

(16)基坑开挖应严格按要求放坡,操作时应随时注意边坡的稳定情况,如发现有裂纹或部分塌落现象,要及时进行支撑或改缓放坡，并注意支撑的稳固和边坡的变化。

(17)人工开挖时，两人操作间距应保持 2～3 m，并应自上而下挖掘，严禁采用掏洞的挖掘操作方法。

(18)机械挖土，多台阶同时开挖土方时，应验算边坡的稳定，根据规定和验算确定挖土机离边坡的安全距离。

(19)基坑深度超过 14 m、地下室为三层或三层以上，地质条件和周围特别复杂及工程影响重大时，有关设计和施工方案，施工单位要协同建设单位组织评审后，报市建设行政主管部门备案。

怎样施工才能保障土石方工程施工中挖土的安全？

(1)在斜坡上方弃土时，应保证挖方边坡的稳定。弃土堆应连续设置，其顶面应向外倾斜，以防山坡水流入挖方场地。但坡度陡于 1/5 或在软土地区，禁止在挖方上侧弃土。在挖方下侧弃土时，要将弃土堆表面整平，并向外倾斜，弃土表面要低于挖方场地的设计标高，或在弃土堆与挖方场地间设置排水沟，防止地面水流入挖方场地。

(2)土方开挖宜从上到下分层分段进行，并随时做成一定的坡度以利泄水，且不应在影响边坡稳定的范围内积水。

(3)使用时间较长的临时性挖方，土坡坡度要根据工程地质和土坡高度，结合当地同类土体的稳定坡度值确定。

(4)在滑坡地段挖方时，应符合下列要求。

1)开挖过程中如发现滑坡迹象(如裂缝、滑动等)时，应暂停施工，必要时，所有人员和机械要撤至安全地点，并采取措施及时处理。

2)遵循先整治后开挖的施工顺序，在开挖时，须遵循由上到下的开挖顺序，严禁先切除坡脚。

3)爆破施工时，严防因爆破震动产生滑坡。

4)不宜雨季施工，同时不应破坏挖方上坡的自然植被，并事先作好地面和地下排水设施。

5)施工前先了解工程地质勘察资料、地形、地貌及滑坡迹象等情况，并制定相应的施工方法和安全技术措施。

6)抗滑挡土墙要尽量在旱季施工，基槽开挖应分段跳槽进行，并加设支撑；开挖一段就要将挡土墙做好一段。

怎样施工才能保障土石方工程施工中基坑(槽)和管沟的安全?

(1)基坑(槽)底部的开挖宽度，除基础底部宽度外，应根据施工需要增加工作面、排水设施和支撑结构的宽度。

(2)基坑(槽)、管沟的开挖或回填应连续进行，尽快完成。施工中应防止地面水流入坑、沟内，以免边坡塌方或基土遭到破坏。

雨季施工或基坑(槽)、管沟挖好后不能及时进行下一工序时，可在基底标高以上留 150～300 mm 厚的土层暂时不挖，待下一工序开始前再挖除。

采用机械开挖基坑(槽)或管沟时，可在基底标高以上预留一层用人工清理，其厚度应根据施工机械确定。

(3)管沟底部开挖宽度(有支撑者为撑板间的净宽)，除管道结构宽度外，应增加工作面宽度。每侧工作面宽度应符合表 3—1 的要求。

表 3—1 管沟底部每侧工作面宽度

管道结构宽度(mm)	每侧工作面宽度(mm)	
	非金属管道	金属管道或砖沟
200～500	400	300
600～1000	500	400
1100～1500	600	600
1600～2500	800	800

注：1. 管道结构宽度指无管座接管身外皮计；有管座按管座外皮计，砖砌或混凝土管沟按管沟外皮计。

2. 沟底需增设排水沟时，工作面宽度可适当增加。

3. 有外防水的砖沟或混凝土沟时，每侧工作面宽度宜取 800 mm。

(4)土质均匀且地下水位低于基坑(槽)或管沟底面标高时,其挖方边坡可做成直立壁不加支撑。挖方深度应根据土质确定,但不宜超过下列要求:

密实、中实的砂土和碎石类土(充填物为砂土)　　1 m;

硬塑、可塑的轻亚黏土和碎亚黏土　　1.25 m;

硬塑、可塑的黏土和碎石类土(充填物为黏性土)　　1.5 m;

坚硬的黏土　　2 m。

基坑(槽)或管沟挖好后,应及时进行地下结构和安装工程施工。在施工过程中,应经常检查坑壁的稳定情况。

注:挖方深度超过本要求时,应按第5条的要求放坡或做成直立壁加支撑。

(5)地质条件良好、土质均匀且地下水位低于基坑(槽)或管沟底面标高时,挖方深度在5 m以内开挖后暴露时间不超过15 d的,不加支撑的边坡的最陡坡度应符合表3—2的要求。

表3—2　不加支护基坑(槽)边坡的最大坡度

土的类别	坑壁坡度		
	坑缘无荷载	坑缘静荷载	坑缘有动荷载
中密的砂土	1∶1.00	1∶1.25	1∶1.50
中密的砂石土(充填物为砂土)	1∶0.75	1∶1.00	1∶1.25
稍湿的粉土	1∶0.67	1∶0.75	1∶1.00
中密的碎石土(充填物为黏土)	1∶0.50	1∶0.67	1∶0.45
硬塑的粉质黏土、黏土	1∶0.33	1∶0.5	1∶0.67
软土(经井点降水后)	1∶1.00	—	—
泥岩、白垩土、黏土夹有石块	1∶0.25	1∶0.33	1∶0.67
未风化页岩	1∶0	1∶0.1	1∶0.25
岩石	1∶0	1∶0	1∶0

(6)坑壁垂直开挖，在土质湿度正常的条件下，对松软土质的基坑，其开挖深度宜小于 0.75 m；中等密度的(锹挖)土质宜小于 1.23 m。密实(镐挖)土质小于 2.0 m。黏性土中的垂直坑壁的允许高度尚可用下式决定：

$$h_{max}=2c/K\cdot\tan(45^{\circ}-\varphi/2)-q/r$$

式中　K——安全系数，可采用 1.25；

r——坑壁土的重力密度(kN/m^2)；

φ——坑壁土的内摩擦角(°)，对饱和软土，取甲 $\varphi=0$；

q——坑顶护道上的均布荷载(kN/m^2)；

c——坑壁土的黏聚力，对饱和软土，取不排水抗剪强度 C_n (kN/m^2)；

h_{max}——垂直坑壁的允许高度(m)。

(7)深基坑或雨季施工的浅基坑的边坡开挖以后，必须随即采取护坡措施，以免边坡坍塌或滑移。护坡方法视土质条件、施工季节、工期长短等情况，可采用塑料布和聚丙烯编织物等不透水薄膜加以覆盖、砂袋护坡、碎石铺砌、喷抹水泥砂浆、铁丝网水泥浆抹面等，并应防止地表水或渗漏水冲刷边坡。

(8)基坑深度大于 5 m 且无地下水时，如现场条件许可且较为经济、合理时，可将坑壁坡度适当放缓，或可采取台阶式的放坡形式，并在坡顶和台阶处宜加设宽 1 m 以上的平台。

(9)采用钢筋混凝土地下连续墙作坑壁支撑时，混凝土达到设计强度后，方许进行挖土方。

(10)开挖基坑(槽)或管沟时，应合理确定开挖顺序和分层开挖深度。当接近地下水位时，应先完成标高最低处的挖方，以便于在该处集中排水。

(11)基坑(槽)、管沟的直立壁和边坡，在开挖过程和敞露期间应防止塌陷，必要时应加以保护。

在挖方边坡上侧堆土或材料以及移动施工机械时，应与挖方边缘保持一定距离，以保证边坡和直立壁的稳定。当土质良好时，堆土或材料应距挖方边缘 0.8 m 以外，高度不宜在柱基周围、墙基或围墙一侧，不得堆土过高。

(12)基坑(槽)或管沟需设置坑擘支撑时，应根据开挖深度、土质条件、地下水位、施工方法、相邻建筑物和构筑物等情况进行选择和设计。支撑必须牢固可靠，确保安全施工。

(13)基坑(槽)、管沟回填时，应符合下列要求。

1)基础或管沟的现浇混凝土应达到一定强度，不致因填土而受损伤时，方可回填。

2)回填土料、每层铺填厚度和压实要求，应按有关规定执行，如设计允许回填土自行沉实时，可不夯实。

3)沟(槽)回填顺序，应按基底排水方向由高至低分层进行。

4)填土前，应清除沟槽内的积水和有机杂物。

5)基坑(槽)回填应在相对两侧和四周同时进行。

6)回填管沟时，为防止管道中心线位移或损坏管道，应用人工先在管子周围夯实，并应从管道两边同时进行，直至管顶 0.5 m 以上。在不损坏管道的情况下，方可采用机械回填和压实。

(14)在软土地区开挖基坑(槽)或管沟时，除应按照有关要求外，尚应符合下列要求。

1)相邻基坑(槽)和管沟开挖时，应遵循先深后浅或同时进行的施工顺序，并应及时做好基础。

2)基坑(槽)开挖后，应尽量减少对基土的扰动。如基础不能及时施工时，可在基底标高以上留 0.1～0.3 m 土层不挖，待做基础时挖除。

3)施工机械行驶道路应填筑适当厚度的碎(砾)石，必要时应铺设工具式路基箱(板)或梢排等。

4)在密集群桩上开挖基坑时，应在打桩完成后间隔一段时间，再对称挖土，邻近四周不得有振动作用。挖土宜分层进行，并应注意基坑土体的稳定，加强土体变形监测，防止由于挖土过快或边坡过陡使基坑中卸载过速、土体失稳等原因而引起桩身上浮、倾斜、位移、断裂等事故。

5)施工前必须做好地面排水和降低地下水位工作，地下水位应降低至基底以下 0.5～1.0 m 后，方可开挖。降水工作应持续到回填完毕，采用明排水时可不受此限。

6)挖出的土不得堆放在边坡顶上或建筑物(构筑物)附近，应立即转运至规定的距离以外。

(15)膨胀土地区开挖基坑(槽)或管沟时,除按照本节有关要求外,尚应符合下列要求。

1)开挖前应做好排水工作,防止地表水、施工用水和生活废水浸入施工场地或冲刷边坡。

2)基坑(槽)或管沟的开挖、地基与基础的施工和回填土等应连续进行,并应避免在雨天施工。

3)采用砂地基时,应先将砂浇水至饱和后再铺填夯实,不得采用基坑(槽)或管沟内浇水使砂沉落的施工方法。

4)开挖后,基土不得受烈日暴晒或雨水浸泡,必要时可预留一层不挖,待做基础时挖除。

5)场地平整后至基坑(槽)、管沟开挖宜间隔一段时间,以减少基土的膨胀变形。

6)回填土料应符合设计要求。如无设计要求时,宜选用非膨胀土、弱膨胀土或掺有适当比例的石灰及其他松散材料的膨胀土。

怎样才能预防边坡塌方?

(1)开挖基坑(槽)时,若因场地限制不能放坡或放坡后所增加的土方量太大,为防止边坡塌方,可采用设置挡土支撑的方法。

(2)防治地表水流入坑槽和渗流入土坡体。

(3)对开挖深度大、施工时间长、坑边要停放机械等应按规定的允许坡度适当地放平缓些,当基坑(槽)附近有主要建筑物时,基坑边坡的最大坡度为1∶1～1∶1.5。

(4)严格控制坡顶护道内的静荷载或较大的动荷载。

怎样才能预防流砂?

(1)建造地下连续墙以供承重、护壁,并达到截水防止流砂的发生。

(2)采用不排水的水下挖土,使坑内外水压相平衡,使其无发生流砂的条件,一般沉井挖土均采用此法。

(3)利用枯水季节施工,以便减小坑内外水位差。

(4)采用轻型井点、喷射井点、管井井点和深井泵井点等进行人工降低地下水的方法进行土方施工，使动水压力方向向下，增大土粒间的压力，从而有效地制止流砂现象发生。

(5)用钢板桩打入坑底一定深度，增加地下水从坑外流入坑内的距离，从而减少水力坡度，达到减小动水压力，防止流砂发生。

怎样才能防止滑坡？

(1)对于施工地段或危及建筑物安全的地段设置抗滑结构，如抗滑挡墙、抗滑柱、锚杆挡墙等。这些结构物的基础底必须设置在滑动面以下的稳定土层或基岩中。

(2)使边坡有足够的坡度，并应尽量将土坡削成较平缓的坡度或做成台阶形，使中间具有数个平台以增加稳定，土质不同时，可按不同土质削成不同坡度，一般可使坡度角小于土的内摩擦角。

(3)严禁随意切割滑坡体的坡脚，同时也切忌在坡体被动区挖土。

(4)将不稳定的陡坡部分削去，以减轻滑坡体重量、减少滑坡体的下滑力，以达到滑体的静力平衡。

(5)排水。

1)妥善处理生产、生活、施工用水，严防水的浸入。

2)为迅速排出在滑坡范围以内的地表水和减少下渗，应修设排水系统缩短地表水流经的距离，主沟应与滑坡方向一致，并铺砌防渗层，支沟一般与滑坡方向成30°～45°斜交。

3)将滑坡范围以外的地表水设置多道环形截水沟，使水不流入滑坡区域以内。

4)对于滑坡体内的地下水，则应采取疏干和引出的原则，可在滑坡体内修筑地下渗沟，沟底应在滑动面以下，主沟应与滑坡方向一致。

怎样才能保障人工挖孔灌注桩施工的安全？

(1)场地邻近的建(构)筑物，施工前应会同有关单位和业主进行详细检查，并将建（构）筑物原有裂缝及特殊情况纪录备查。对挖孔和抽水可能危及的邻房，应事先采取加固措施。

（2）人工挖孔灌注桩（简称挖孔桩，下同）适用于工程地质和水文地质条件较好且持力层埋藏较浅、单桩承载力较大的工程。如没有可靠的技术和安全措施，不得在地下水位高（特别是存在承压水时）的沙土、厚度较大的淤泥质土层中进行挖孔桩施工。

（3）孔口操作平台应自成稳定体系，防止在护壁下沉时被拉垮。

（4）施工现场所有设备、设施、安全装置、工具、配件以及个人劳保用品等必须经常进行检查，确保完好和安全使用。

使用的电动葫芦、吊笼等必须是合格的机械设备，同时应配备自动卡紧保险装置，以防突然停电。电动葫芦宜用按钮式开关，上班前、下班后均应有专人严格检查并且每天加足润滑剂，保证开关灵活、准确，铁链无损、有保险扣且不打死结，钢丝绳无断丝。支撑架应牢固稳定，使用前必须检查其安全起吊能力。

（5）挖孔桩的孔深一般不宜超过 40 m。当桩长 $L \leqslant 8$ m 时，桩身直径（不含护壁，下同）不应小于 0.8 m；当桩长为 8 m$<L \leqslant 15$ m 时，桩身直径不应小于 1.0 m；当桩长为 15 m$<L \leqslant 20$ m 时，桩身直径不应小于 1.2 m；当桩长超过 20 m 时，桩身直径应适当加大。当桩间净距小于 4.5 m 时，必须采用间隔开挖。排桩跳挖的最小施工净距也不得小于 4.5 m。

（6）工作人员上下桩孔必须使用钢爬梯，不得用人工拉绳子运送工作人员和脚踩护壁凸缘上下桩孔。桩孔内壁设置尼龙保险绳，并随挖孔深度放长至工作面，作为救急之备用。

（7）挖孔桩护壁混凝土强度等级应不低于 C15，护壁每节高度视土质情况而定，一般可用 0.3～1 m。

（8）桩孔开挖后，现场人员应注意观察地面和建（构）筑物的变化。桩孔如靠近旧建筑物或危房时，必须对旧建筑物或危房采取加固措施后才能施工。加强对孔壁土层涌水情况的观察，发现异常情况，及时采取处理措施。

（9）在岩溶地区或风化不均、有夹层、软硬变化较大的岩层中采用挖孔桩时，宜在每桩或每柱位处钻一个勘探钻孔，钻孔深度一般应达到挖孔桩孔底以下 3 倍桩径，以判别该深度范围内的基岩中有无孔洞、破碎带和软弱夹层存在。

(10)挖出的土石方应及时运走,孔口四周 2 m 范围内不得堆放淤泥杂物。机动车辆通行时,应作出预防措施和暂停孔内作业,以防挤压塌孔。

(11)从事挖孔桩作业的工人以健壮男性青年为宜,并需经健康检查和井下、高空、用电、吊装及简单机械操作等安全作业培训且考核合格后,方可进入施工现场。

(12)当桩孔开挖深度超过 5 m 时,每天开工前应用气体检测仪进行有毒气体的检测,确认孔内气体正常后,方可下孔作业。

(13)场地及四周应设置排水沟、集水井,并制定泥浆和废渣的处理方案。施工现场的出土路线应畅通。

(14)每天开工前,应将孔内的积水抽干,并用鼓风机或大风扇向孔内送风 5min,使孔内混浊空气排出,才准下人。孔深超过 10 m 时,地面应配备向孔内送风的专门设备,风量不宜少于 25 L/s。孔底凿岩时尚应加大送风量。

(15)在施工图会审和桩孔挖掘前,都应认真研究钻探资料,分析地质情况,对可能出现流砂、管涌、涌水以及有害气体等情况应予重视,并应制定有针对性的安全防护措施。如对安全施工存在疑虑,应在事前向有关单位提出。

(16)为防止地面人员和物体坠落桩孔内,孔口四周必须设置护栏。护壁要高出地表面 200 mm 左右,以防杂物滚入孔内。

(17)为防止孔壁坍塌,应根据桩径大小和地质条件采取可靠的支护孔壁的施工方法。

(18)桩孔内的作业人员要遵守下列要求。

1)作业人员每工作 4 h 应轮换一次。

2)当桩孔挖至 5 m 以下时,应在孔底面以上 3.0 m 左右处的护壁凸缘上设置半圆形的防护罩,防护罩可用钢(木)板或密眼钢筋(丝)网做成;在吊桶上下时,作业人员必须站在防护罩下面,停止挖土,注意安全;若遇起吊大块石时,孔内作业人员应全部撤离至地面后才能起吊。

3)开挖复杂的土层结构时,每挖深 0.5～1 m 应用手钻或不小于 ϕ16 mm 钢筋对孔底做品字形探查,检查孔底面以下是否有洞

穴、涌砂等，确认安全后，方可继续进行挖掘。

4）认真留意孔内一切动态，如发现流砂、涌水、护壁变形等不良预兆以及有异味气体时，应停止作业并迅速撤离。

5）严禁酒后作业，不准在孔内吸烟，不准在孔底使用明火。

6）孔内凿岩时应采用湿式作业法，并加强通风防尘和个人防护。

7）作业人员必须戴安全帽、穿绝缘鞋。

8）如在孔内爆破，孔内作业人员必须全部撤离至地面后方可引爆；爆破时，孔口应加盖；爆破后，必须用抽气、送水或淋水等方法将孔内废气排除，方可继续下孔作业。

（19）暂停施工的桩孔，应加盖板封闭孔口，并加0.8～1 m高的围栏围蔽。

（20）施工现场的一切电源、电路的安装和拆除，必须由持证电工专管，电器必须严格接地、接零和使用漏电保护器。电器安装后经验收合格才准接通电源使用。各桩孔用电必须分闸，严禁一闸多孔和一闸多用。孔上电线、电缆必须架空，严禁拖地和埋压土中。孔内电缆、电线必须绝缘，并有防磨损、防潮、防断等保护措施。孔内作业照明应采用安全矿灯或12 V以下的安全灯。

（21）在灌注桩身混凝土时，相邻10 m范围内的挖孔作业应停止，并不得在孔底留人。

（22）孔口配合人员应集中精力，密切监视孔内的情况，并积极配合孔内作业人员进行工作，不得擅离岗位。在孔内上下递送工具物品时，严禁用抛掷的方法。严防孔口的物件落入桩孔内。

（23）现场应设专职安全检查员，在施工前和施工中应进行认真检查，发现问题及时处理，待消除隐患后再行作业。

怎样才能保障基坑支护工程施工的安全？

（1）施工现场应划定作业区，安设护栏并设安全标志，非作业人员不得入内。

（2）先开挖后支护的沟槽、基坑，支护必须紧跟挖土工序，土壁裸露时间不宜超过 4 h。先支护后开挖的沟槽、基坑，必须根据施工设计要求，确定开挖时间。

(3)工场地应平整、坚实、无障碍物，能满足施工机具的作业要求。

(4)在现场建(构)筑物附近进行桩工作业前，必须掌握其结构和基础情况，确认安全；机械作业影响建(构)筑物结构安全时，必须先对建(构)筑物采取安全技术措施，经验收确认合格，形成文件后，方可进行机械作业。

(5)沟槽、基坑支护施工前，主管施工技术人员应熟悉支护结构施工设计图纸和地下管线等设施状况，掌握支护方法、设计要求和地下设施的位置、埋深等现况。

(6)上下沟槽、基坑应设安全梯或土坡道、斜道，其间距不宜大于 50 m，严禁攀登支护结构。

(7)土壁深度超过 6 m，不宜使用悬臂桩支护。

(8)编制施工组织设计中，应根据工程地质、水文地质、开挖深度、地面荷载、施工设备和沟槽、基坑周边环境等状况，对专护结构进行施工设计，其强度、刚度和稳定性应满足邻近建(构)筑物和施工安全的要求，并制定相应的安全技术措施。

(9)施工过程中，严禁利用支护结构支搭作业平台、挂装起重设施等。

(10)拆除支护结构应设专人指挥，作业中应与土方回填密切配合，并设专人负责安全监护。

(11)支护结构施工完成后，应进行检查、验收，确认质量符合施工设计要求，并形成文件后，方可进入沟槽、基坑作业。

(12)大雨、大雪、大雾、沙尘暴和风力 6 级以上(含 6 级)的恶劣天气，必须停止露天桩工、起重机械作业。

(13)施工过程中，对支护结构应经常检查，发现异常应及时处理，并确认合格。

怎样才能保障钢木支护工程施工中使用起重机从地面向沟槽、基坑内运送支护材料时的安全?

(1)吊运时,沟槽上下均应划定作业区域,非作业人员禁止入内。

(2)起吊时,钢丝绳应保持垂直,不得斜吊。

(3)运输车辆和起重机与沟槽、基坑边缘的距离应依荷载、土质、槽深和槽(坑)壁状况确定,且不得小于1.5 m。

(4)严禁起重机械超载吊运。

(5)作业时,必须由信号工指挥。起吊前,指挥人员应检查吊点、吊索具和周围环境状况,确认安全。

(6)作业时,机臂回转范围内严禁有人。

(7)起重机、吊索具应完好,防护装置应齐全有效。作业前应检查、试运行,确认符合要求。

(8)吊运材料距槽底50 cm时,作业人员方可靠近,吊物落地确认稳固或临时支撑牢固后方可摘钩。

怎样才能保证钢木支护工程施工中支护材料的质量达到要求?

(1)木质支护材料的材质应均匀、坚实,严禁使用劈裂、腐朽、扭曲和变形的木料。

(2)支护材料的材质、规格、型号应满足施工设计要求。

(3)严禁使用断裂、破损、扭曲、变形和腐蚀的钢材。

怎样才能保障钢木支护工程施工中预钻孔埋置桩施工的安全?

(1)使用机械吊桩时,必须由信号工指挥。吊点应符合施工设计规定。作业时，应缓起、缓转、缓移，速度均匀并用控制绳保持桩平稳。向钻孔内吊桩时，严禁手、脚伸入桩与孔壁间隙。

(2)埋置桩间隔设置时，相邻两桩间的土壁在土方开挖过程中，应及时安设挡土板，或挂网喷射护壁混凝土。

(3)钻孔应连续完成。成孔后，应及时埋桩至施工设计高度。

(4)挡土板安设应符合下列要求。

1)挡土板两端的支撑长度应满足施工设计要求。

2)挡土板后的空隙应填实。

3)挡土板拼接应严密。

(5)当桩、墙有支撑或土钉时，支撑、土钉施工应符合下列要求。

1)有横梁的支撑结构，应在横梁连接处或其附近设支撑。横梁为焊接钢梁时，接头位置与近支撑点的距离应在支撑间距的1/3以内。

2)支撑或土钉作业应与挖土密切配合。每层开挖的深度，不得超过底部撑杆或土钉以下30 cm，或施工设计规定的位置。

3)施工中，应按照施工设计规定的位置及时安设撑杆或土钉。

(6)支撑、土钉必须牢固，严禁碰撞。

怎样才能保障钢木支护工程施工中人工锤击沉入木桩支护的安全?

(1)作业中，应划定作业区，非作业人员禁止入内。

(2)沉桩过程中，应随时检查木夯、铁夯、大锤等，确认操作工具完好，发现松动、破损，必须立即修理或更换。

(3)锤击时夯头应对准桩头，严禁用手扶夯头或桩帽。

(4)作业时，必须由作业组长负责指挥，统一信号，作业人员的动作应协调一致。

怎样才能保障钢木支护工程施工中使用人工方法从地面向沟槽、基坑内运送支护材料的安全？

(1)运送材料过程中，被运送物下方严禁有人，槽内作业人员必须位于安全地带。

(2)使用溜槽溜放时，溜槽应坚固，且必须支搭牢固，使用前应检查，确认合格。

(3)严禁向沟槽、基坑内投掷和倾卸支护材料。

(4)手工传送时，应缓慢，上下作业人员应相互呼应，协调一致。

(5)系放时，应根据系放材料的质量确定绳索直径。绳索应坚固，使用前应检查确认符合要求。

怎样才能保障钢木支护工程施工中拆除支护结构的安全？

(1)拆除支护结构应和回填土紧密结合，自下而上分段、分层进行，拆除中严禁碰撞、损坏未拆除部分的支护结构。

(2)拆除前，应根据槽壁土体、支护结构的稳定情况和沟槽、基坑附近建(构)筑物、管线等状况，制订拆除安全技术措施。

(3)采用机械拆除沉、埋桩时应符合下列要求。

1)拆除作业必须由信号工负责指挥。

2)拔除桩后的孔应及时填实，恢复地面原貌。

3)吊拔桩的拔出长度至半桩长时，应系控制缆绳保持桩的稳定。

4)作业前，应划定作业区和设安全标志，非作业人员不得入内。

5)吊拔困难或影响邻近建(构)筑物安全时，应暂停作业，待采取相应的安全技术措施，确认安全后方可实施。

6)拆除前宜先用千斤顶将桩松动。吊拔时应垂直向上，不得斜拉、斜吊，严禁超过机械的起拔能力。

(4)拆除立板撑，应在还土至撑杆底面 30 cm 以内，方可拆除撑杆和相应的横梁；撑板应随还土的加高逐渐上拔，其埋深不得小于施工设计规定。

(5)拆除相邻桩间的挡土板时,每次拆除高度应依据土质、槽深而定;拆除后应及时回填土,槽壁的外露时间不宜超过 4 h。

(6)拆除沉、埋桩的撑杆时,应待回填土还至撑杆以下 30 cm 以内或施工设计规定位置,方可倒撑或拆除撑杆。

(7)拆除与回填土施工过程中,应设专人检查,发现槽壁现坍塌征兆或支护结构发生劈裂、位移、变形等情况必须暂停施工,待及时采取安全技术措施,确认安全后方可继续施工。

(8)拆除横板密撑应随还土的加高自下而上拆除,一次拆除撑板不宜大于 30 cm 或一横板宽。一次拆撑不能保证安全时应倒撑,每步倒撑不得大于原支撑的间距。

(9)拆除单板撑、稀撑、井字撑一次拆撑不能保证安全时,必须进行倒撑。

(10)采用排水井的沟槽应由排水沟的分水线向两端延伸拆除。

(11)拆除的支护材料应及时集中到指定场地,分类码放整齐。

怎样才能保障钢木支护工程施工沟槽中采用板撑支护施工的安全?

(1)施工过程中,应设专人检查,确认支护结构的支设符合施工设计的要求。

(2)施工中应根据土质、施工季节、施工环境等情况选用单板撑或井字撑、稀撑、横板密撑、立板密撑支护,如图 3—1、图 3—2、图 3—3、图 3—4、图 3—5 所示。

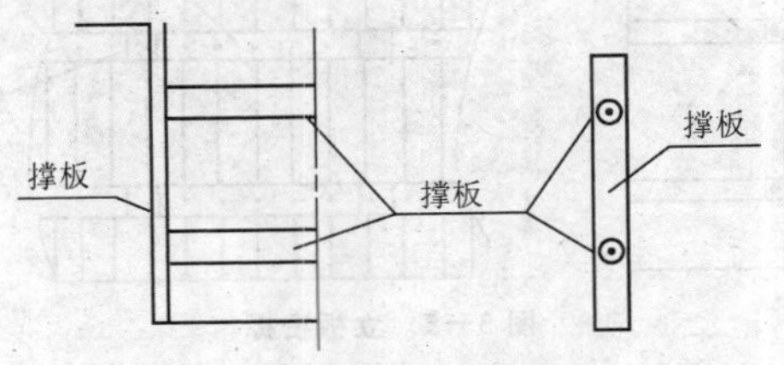

图 3—1　单板撑图

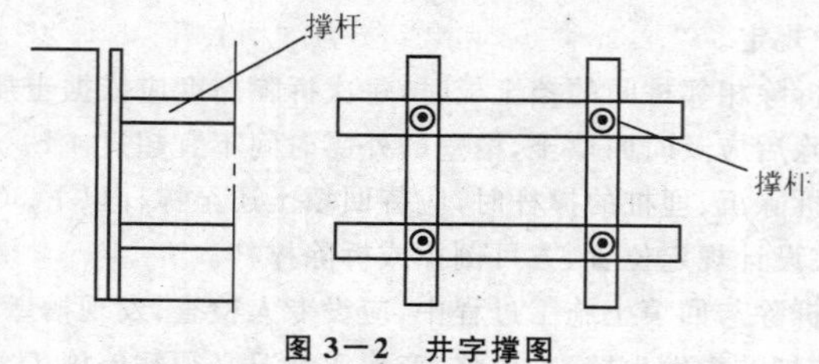

图 3—2　井字撑图

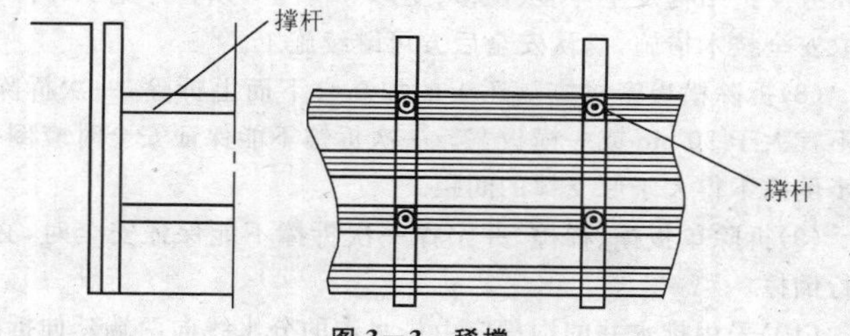

图 3—3　稀撑

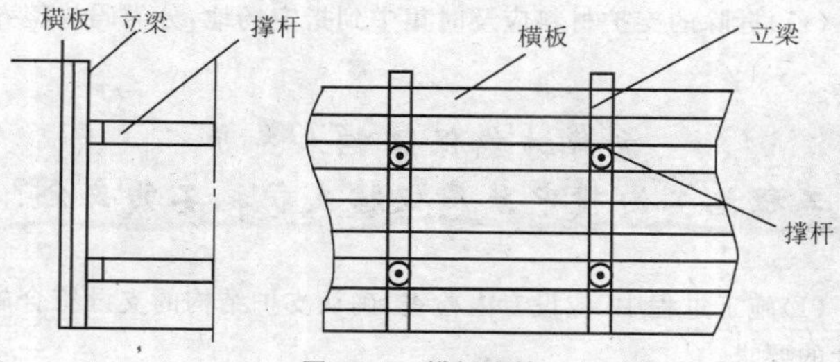

图 3—4　横板密撑

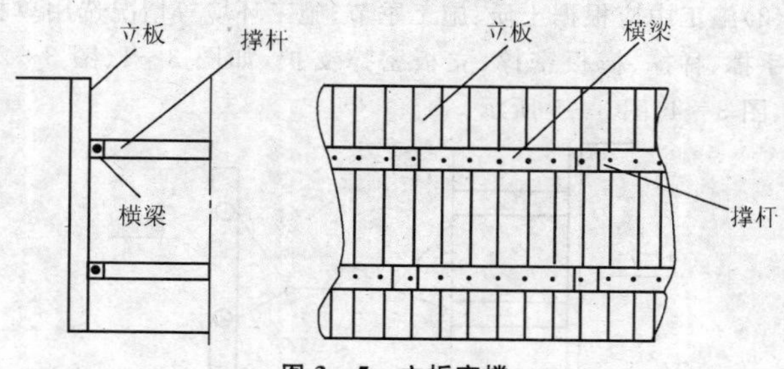

图 3—5　立板密撑

(3)支护前，应将槽壁整修平整，撑板安装应密贴槽壁，立梁或横梁应紧贴撑板，撑杆应水平，支靠应紧密，连接应牢固。

(4)倒撑或缓撑，必须在新撑安装牢固后，方可松动旧撑。

(5)支护应紧跟沟槽挖土。槽壁开挖后应及时支护，土壤外露时间不宜超过 4 h。

(6)沟槽土壤中应无水，有时应采取排降水措施将水降至槽底 50 cm 以下。

(7)安设撑板并稳固后，应立即设立梁或横梁、撑杆。

(8)严禁用短木接长作撑杆。

(9)槽壁出现裂缝或支护结构发生位移、变形等情况时，必须停止该部位的作业，对支护结构采取加固措施，经检查验收合格，形成文件后，方可继续施工。

怎样才能保障碎石压浆混凝土支护工程施工的安全？

(1)桩的成孔间距应依土质、孔深确定。

(2)施工前应根据地质条件，桩径、桩长选择适用的成孔机械。

(3)提出钻孔的钻杆必须放置稳定，并不得影响向钻孔内放钢筋笼、填注碎石和二次注浆作业与危及作业人员的安全。

(4)注浆应分二次进行：首次注浆应在钻孔达到设计高程，经空钻、清底后进行；在注浆过程中应借助浆液的浮力同步提升钻杆；桩孔内有地下水时，在注浆液面达到无塌孔危险位置以上 50 cm 处，方可提出钻杆；向碎石的空隙内二次注浆与首次注浆的间隔时间不得超过 45 min。

(5)桩孔成孔后，应连续作业，及时完成支护桩施工。特殊情况不能连续施工时，孔口应采取加盖或围挡等防护措施，并设安全标志。

(6)钻孔深度达到设计高程后应空钻、清底。

(7)向钻孔内置入钢筋笼前，应检查绑扎在钢筋笼内侧的高压注浆管的牢固性、接头的严密性和喷孔的通畅性，确认合格。

(8)吊装钢筋笼应使用起重机。作业时,必须设信号工指挥。起吊前信号工应检查吊索具及其与钢筋笼的连接和环境状况,确认安全。

怎样才能保障土钉墙支护工程施工的安全?

(1)土钉钢筋宜采 HRB335、HRB400 级钢筋,钢筋直径宜为 16～32 mm,钻孔直径宜为 70～120 mm。

(2)土钉墙的墙面坡度不宜大于 1∶0.1。

(3)坡面上下段钢筋网搭接长度应大于 30 cm。

(4)土钉墙支护适用于无地下水的沟槽。当沟槽范围内有地下水时,应在施工前采取排降水措施降低地下水。在砂土、虚填土、房碴土等松散土质中,严禁使用土钉墙支护。

(5)土钉的长度宜为开挖深度的 0.5～1.2 倍,间距宜为 1～2 m,与水平面夹角宜为 5°～20°。

(6)喷射混凝土和注浆作业人员应按规定佩戴防护用品,禁止裸露身体作业。

(7)土钉墙施工设计中,应确认土钉抗拉承载力、土钉墙整体稳定性满足施工各个阶段施工安全的要求。

(8)注浆材料宜采用水泥浆或水泥砂浆,其强度等级不宜低于 M10。

(9)喷射混凝土面层宜配置钢筋网,钢筋直径宜为 6～10 mm,网间距宜为 15～30 mm;喷射混凝土强度等级不宜低于 C20,面层厚度不宜小于 8 cm。

(10)土钉墙支护,应先喷射混凝土面层后施工土钉。

(11)进入沟槽和支护前,应认真检查和处理作业区的危石、不稳定土层,确认沟槽土壁稳定。

(12)喷射管道安装应正确,连接处应紧固密封。管道通过道路时,应设置在地槽内并加盖保护。

(13)土钉必须和面层有效连接,应设置承压板或加强钢筋等构造措施,承压板、加强钢筋应分别与土钉螺栓、钢筋焊接连接。

(14)喷射支护施工应紧跟土方开挖面。每开挖一层土方后,应及时清理开挖面,安设骨架、挂网,喷射混凝土或砂浆,并符合基本要求。

(15)土钉墙支护应按施工设计规定的开挖顺序自上而下分层进行,随开挖随支护。

(16)施工中应随时观测土体状况,发现墙体裂缝、有坍塌征兆时,必须立即将施工人员撤出基坑、沟槽的危险区,并及时处理,确认安全。

(17)土钉宜在喷射混凝土终凝 3 h 后进行施工,并符合下列要求。

1)钻孔应应连续完成。作业时,严禁人员触摸钻杆。

2)搬运、安装土钉时,不得碰撞人、设备。

3)土钉类型、间距、长度和排列方式应符合施工设计的规定。

(18)钻孔完成后应及时注浆,并符合下列要求。

1)作业和试验人员应按规定佩戴安全防护用品,严禁裸露身体作业。

2)作业中注浆罐内应保持一定数量的浆液,防止放空后浆液喷出伤人。

3)作业中遗洒的浆液和刷洗机具、器皿的废液,应及时清理,妥善处置。

4)注浆机械操作工和浆液配制人员,必须经安全技术培训,考核合格方可上岗。

5)注浆初始压力不得大于 0.1 MPa。注浆应分级、逐步升压至控制压力。填充注浆压力宜控制在 0.1～0.3 MPa。

6)浆液原材料中有强酸、强碱等材料时,必须储存在专用库房内,设专人管理,建立领发料制度,且余料必须及时退回。

7)注浆的材料、配比和控制压力等,必须根据土质情况、施工工艺、设计要求,通过试验确定。浆液材料应符合环境保护要求。

8)使用灰浆泵应符合下列要求。

①作业后应将输送管道中的灰浆全部泵出,并将泵和输送管道清洗干净。

②作业前应检查并确认球阀完好,泵内无干硬灰浆等物,各连

接件紧固牢靠，安全阀已调到预定安全压力。

③故障停机时，应先打开泄浆阀使压力下降，再排除故障。灰浆泵压力未达到零时，不得拆卸空气室、安全阀和管道。

(19)施工中每一工序完成后，应隐蔽验收，确认合格并形成文件后，方可进入下一工序。

(20)遇有不稳定的土体，应结合现场实际情况采取防塌措施，并应符合下列要求。

1)土钉支护宜与预应力锚杆联合使用。

2)施工中应加强现场观测，掌握土体变化情况，及时采取应急措施。

3)支护面层背后的土层中有滞水时，应设水平排水管，并将水引出支护层外。

4)在修坡后应立即喷射一层砂浆、素混凝土或挂网喷射混凝土，待达到规定强度后方可设置土钉。

(21)土钉墙的土钉注浆和喷射混凝土层达到设计强度的70%后，方可开挖下层土方。

怎样才能保障地下连续墙支护工程施工中导墙构造的质量要求？

(1)导墙支撑应每隔1～1.5 m距离设置。

(2)导墙宜采用钢筋混凝土材料构筑，混凝土强度等级不宜低于C20。

(3)导墙的平面轴线应与地下连续墙轴线平行，两导墙的内侧间距宜比地下连续墙体厚度大4～6 cm。

(4)导墙底端埋入土内深度宜大于1 m，基底土层应夯实，遇特殊情况应妥善处理。导墙顶面应高出地面，遇地下水位较高时，导墙顶端应高出地下水位。墙后应填土，并与墙顶平齐，全部导墙顶面应保持水平。内墙面应保持垂直。

怎样才能保障地下连续墙支护工程中导墙施工的安全?

(1)安装预制块导墙时,块件连接处应严密,防止渗漏。

(2)导墙混凝土强度达到设计规定后,方可开挖该导墙槽段下的土方。

(3)混凝土导墙浇筑和养护时,重型机械、车辆不得在其附近作业。

(4)导墙分段施工时,段落划分应与地下连续墙划分的节段错开。

(5)导墙土方开挖后,直至导墙混凝土浇筑前,必须在导墙槽边设围挡或护栏和安全标志。

怎样才能保障地下连续墙支护工程施工中槽壁式地下连续墙的沟槽开挖施工的安全?

(1)开挖到槽底设计高程后,应对成槽质量进行检查,确认符合技术规定并记录。

(2)现场应设泥浆沉淀池,周围应设防护栏杆;废弃泥浆和钻渣,应妥善处理,不得污染环境。

(3)开挖前应按已划分的单元节段,决定各段开挖先后次序。挖槽开始后应连续进行,直至节段完成。

(4)挖掘的槽壁和接头处应竖直,竖直度允许偏差应符合技术规定;接头处相邻两槽段中心线在任一深度的偏差值不得大于墙厚的1/3。

(5)成槽机械开挖一定深度后,应立即输入调好的泥浆,并保持槽内浆面不低于导墙顶面30 cm。泥浆浓度应满足槽壁稳定的要求,重复使用的泥浆如性能发生变化,应进行再生处理。

(6)挖槽时应加强观测,遇槽壁发生坍塌、沟槽偏斜等故障时,应立即停止作业,查明原因,采取相应的安全技术措施,待确认安全后，方可继续作业。遇严重大面积坍塌，应先提出挖掘机械，待采取安全技术措施，确认安全后方可挖掘。

怎样才能保障地下连续墙沟槽开挖选择的专业机械的质量要求？

(1)作业前，应检查挖槽机械状况，经试运行，确认合格。

(2)施工前应划定作业区，非施工人员不得入内。

(3)施工场地应平整、坚实。

(4)挖槽机械应安装稳固。

怎样才能保障地下连续墙支护工程施工中槽段清底施工的安全？

(1)清底工作应包括清除槽底沉淀的泥渣和置换槽中的泥浆。

(2)清理槽底和置换泥浆工作结束 1 h 后，应检查槽底以上 20 cm处的泥浆密度，确认符合施工设计的规定；并检查槽底沉淀物厚度，确认符合施工设计的要求。

(3)清底前应检查节段平面、横截面和竖面位置。遇槽壁竖向倾斜、弯曲和宽度不足等超过允许偏差时，应进行修槽，并确认符合要求。节段接头处应用刷子或高压射水清扫。

怎样才能保障沉井施工的安全？

(1)沉井的制作高度不宜使重心离地太高，以不超过沉井短边或直径的长度为宜。一般不应超过 12 m。特殊情况需要加高时，必须有可靠的计算数据，并采取必要的技术措施。

(2)沉井顶部周围应设防护栏杆。井内的水泵、水力机械管道等设施，必须架设牢固，以防坠落伤人。

(3)采用套井与触变泥浆法施工时，套井四周应设置防护设施。

(4)抽承垫木时,应有专人统一指挥,分区域,按规定顺序进行。并在抽承垫木及下沉时,严禁人员从刃脚、底梁和隔墙下通过。

(5)潜水员的增、减压规定及有关职业病的防治,应按照有关规定进行。

(6)空压机的贮气罐应设有安全阀,输气管道编号,供气控制应有专人负责,在有潜水员工作时,应有滤清器,进气口应设置在能取得洁净空气处。

(7)沉井下沉采用加载助沉时,加载平台应经过计算,加载或卸载范围内,应停止其他作业。

(8)沉井下沉前应把井壁上拉杆螺栓和圆钉割掉。特别在不排水下沉时,应全部清除井内障碍和插筋,以防割破潜水员的潜水服。

(9)当沉井面积较大,采用不排水下沉时,在井内隔墙上应设有潜水员通行的预留孔。井内应搭设专供潜水员使用的浮动操作平台。

(10)沉井的内外脚手,如不能随同沉井下沉时,应和沉井的模板、钢筋分开。井字架、扶梯等设施均不得固定在井壁上,以防沉井突然下沉时被拉倒发生事故。

(11)浮运沉井的防水围壁露出水面的高度,在任何情况下均不得小于 1 m。

(12)沉井在淤泥质黏土或粉质黏土中下沉时,井内的工作平台应用活动平台,严禁固定在井壁、隔墙和底梁上。沉井发生突然下沉,平台应能随井内涌土上升。

(13)采用抓斗抓土时,井孔内的人员和设备应事前撤出,如不撤出,应采取有效的安全措施进行妥善保护。

(14)沉井下沉时,在四周的影响区域内,不应有高压电线杆、地下管道、固定式机具设备和永久性建筑物,否则应采取安全措施。

(15)采用人工挖土机械运输时,土斗装满后,待井下工人躲开,并发出信号,方可起吊。

(16)沉井如由不排水转换为排水下沉时,抽水后应经过观测,确认沉井已经稳定,方允许下井作业。

(17)采用水力机械口寸,井内作业面与水泵站应建立通讯联系。水力机械的水枪和吸泥机应进行试运转,各连接处应严密不漏水。

(18)采用井内抽水强制下沉时,井上人员应离开沉井,不能离开时,应采取安全措施。

(19)沉井水下混凝土封底时,工作平台应搭设牢固,导管周围应有栏杆。平台周围应有栏杆。平台的荷载除考虑人员、机具重量外,还应考虑漏斗和导管堵塞后,装满混凝土时的悬吊重量。

怎样才能保障降、排水工程施工的安全?

(1)排降水结束后,集水井、管井和井点孔应及时填实,恢复地面原貌或达到设计要求。

(2)现场施工排水,宜排入已建排水管道内。排水口宜设在远离建(构)筑物的低洼地点并应保证排水畅通。

(3)施工期间施工排降水应连续进行,不得间断。构筑物、管道及其附属构筑物未具备抗浮条件时,不得停止排降水。

(4)施工排水不得在沟槽、基坑外漫流回渗,危及边坡稳定。

(5)排降水机械设备的电气接线、拆卸、维护必须由电工操作,严禁非电工操作。

(6)施工现场应备有充足的排降水设备,并宜设备用电源。

(7)施工降水期间,应设专人对临近建(构)筑物、道路的沉降与变位进行监测,遇异常征兆,必须立即分析原因,采取防护、控制措施。

(8)对临近建(构)筑物的排降水方案必须进行安全论证,确认能保证建(构)筑物、道路和地下设施的正常使用和安全稳定,方可进行排降水施工。

(9)采用轻型井点、管井井点降水时,应进行降水检验,确认降水效果符合要求。降水后,通过观测井水位观测,确认水位符合施工设计规定,方可开挖沟槽或基坑。

怎样才能保障降修建排水井施工的安全?

(1)排水井应设安全梯。

(2)排水井井底高程,应保证水泵吸水口距动水位以下不小于

50 cm。

(3)排水井处于细砂、粉砂等砂土层时,井底应采取过滤或封闭措施。

(4)排水井应根据土质、井深情况对井壁采取支护措施。

(5)排水井进水口处土质不稳定时,应采取支护措施。

(6)安装预制井筒时,井内严禁有人。

怎样才能保障降排水工程排水井内掏挖土方施工安全?

(1)井内环境恶劣时,人工掏挖应轮换作业,每次下井时间不宜大于 1 h;掏挖作业时,井上应设专人监护。

(2)上、下排水井应走安全梯。

(3)掏挖过程中,应随时观察土壁和支护的变形、稳定情况,发现土壁有坍塌征兆和支护位移、井筒裂缝和歪斜现象,必须立即停止作业,并撤至地面安全地带,待采取措施,确认安全后方可继续作业。

(4)在孔口 1 m 范围内不得堆土(泥)。

怎样才能保障降地表水排除的安全?

(1)潜水泵运转中 30 m 水域内,人、畜不得入内。

(2)离心泵运转中严禁人员从机上越过。

(3)进入水深超过 1.2 m 水域作业时,必须选派熟悉水性的人员,并应采取防止发生溺水事故的措施。

(4)施工现场水域周围应设护栏和安全标志。

(5)离心式水泵吸水口应设网罩,且距动水位不得小于 50 cm;潜水泵泵体距动水位不得小于 50 cm。严禁潜水泵陷入污泥中运行。

怎样才能保障降管井井点降水的安全？

(1)成孔后，应及时安装井管。由于条件限制，不能及时安装时，必须安设围挡、防护栏杆等安全防护设施和安全标志。

(2)电缆不得与井壁或其他尖利物摩擦遭受损伤。

(3)管井井口必须高出地面，不得小于 50 cm。井口必须封闭，并设安全标志。当环境限制不允许井口高出地面时，井口应设在防护井内；防护井井盖应与地面同高；防护井必须盖牢。

(4)向井管内吊装水泵时，应对准井管，不得将手脚伸入管口，严禁用电缆做吊绳。

(5)井管安装时，吊点位置应正确，吊绳必须拴系牢固，并用控制绳保持井管平衡。向孔内下井管时，严禁手脚伸入管与孔之间。

(6)使用深井泵应符合下列要求。

1)泵在试运转过程中，有明显声响、不出水、出水不连续和电流超过额定值等情况，应停泵查明原因，排除故障后方可投入使用。

2)停泵前应先关闭出水阀，再切断电源，锁闭闸箱。

3)深井泵抽水的含砂量应低于 0.01%。

4)泵在运转过程中，应经常观察井中水位变化，水泵的 1～2 级叶轮应浸入动水位 1 m 以下。

怎样才能保障降高压水冲孔成型符合质量要求？

(1)冲孔水压应从 0.2 MPa 开始，逐步调试至控制压力值。冲孔过程中，不得超过控制压力，且不宜大于 1.0 MPa。

(2)冲孔时应设专人指挥，并划定作业区。非操作人员不得入内。

(3)施工场地应平整、坚实，道路通畅，作业空间应满足冲孔机械设备操作的要求。

(4)作业中，严禁高压水枪对向人、设备、建(构)筑物。

(5)现场应设泥水沉淀池，冲孔排出的泥水，不得任意漫流。

(6)严禁在架空线路下方及其附近进行冲孔作业；在电力架空

线路一侧冲孔时，应符合施工用电安全要求。

(7)吊管时，吊点位置应正确，吊索栓系必须牢固，保持吊装稳定；吊管下方禁止有人。

怎样才能保障砂井降水施工的安全？

(1)当钻孔采用套管成孔，吊拔套管时，应垂直向上，边吊拔边填砂滤料，不得一次填满后吊拔。吊拔困难时，应先松动后方可继续吊拔，不得强拔。

(2)砂井中滤料回填后，道路范围内的砂井上端，应恢复原道路结构；道路以外的砂井上端应夯填厚度不小于 50 cm 的非渗透性材料，并与地面同高。

怎样才能保障桩基工程施工的安全？

(1)清除妨碍施工的高空和地下障碍物。平整施工范围的场地和压实打桩机行驶的道路。

(2)工作时司机不得擅离岗位，精神要集中，开机时先启动操纵机构，起锤后应将保险装置固定牢靠，下班时应将电源切断并将电动机盖好。

(3)对邻近的原有建筑物或构筑物，以及地下管线等都要认真查清情况，并研究采取适当的隔震、减震措施，以免震坏原有建筑物或构造物、地下管线等而发生事故。

对危险而又无法加固的建筑物征得有关方面同意可以拆除，以确保施工安全和邻近建筑物及人身的安全。

(4)预制桩堆放的注意事项。

1)堆放时，应按规格、桩号分层堆置在平整、坚实的地面上，支点应设于吊点处，各层垫木应搁置在同一垂直线上，最下层垫木应适当加宽，堆放高度不应超过四层。

2)起吊和搬运吊索应系于设计规定之处，起吊时应平稳，避免摇晃和震动。

(5)钢丝绳安全系数可参照表 3—3 规定。

表 3-3　钢丝绳的安全系数

工作条件		安全系数 K	滑轮或卷筒的最小直径 D
缆风绳		3.5	—
人　力		4.5	$\geqslant 16d$
机械驱动	工作条件轻便	5	$\geqslant$20d
	工作条件中等	5.5	$\geqslant 25d$
	工作条件繁重	6	$\geqslant 30d$
起重吊索		6～10	—
载人起重机		14	$\geqslant 30d$

注：表中 d 为钢丝绳直径。

(6)在打桩过程中，应经常注意打桩机的运转情况，发现异常情况应立即停止，并及时纠正后方可继续进行。

(7)打桩时，严禁用手去拨正桩头垫料，同时严禁桩锤未打倒桩顶即起锤或刹车，以避免损坏桩机设备。

(8)工作中，使用规定的各种联系手势或讯号，全组工作人员均应服从指挥人的指挥。所发讯号不明，应立即反映，以免引起事故。司机对任何人所发的危险讯号均应听从。

(9)打桩过程中遇有地坪隆起或下陷时，应随时将桩架调直，把路轨垫平或调平。

(10)在施工现场必须做好防风、防雨、防雷、防火、防止机具散失的一切工作。

(11)开工前要检查机具并加润滑油以利操作，桩架起落准备工作完成后，当班人员重新检查确认无误，方可进行操作。

怎样才能保障桩基组装和移动的安全？

(1)用扒杆安装塔式桩机时，升降扒杆动作要协调，到位后应拉紧缆风绳，绑牢底脚。组装时应用工具找正螺孔，严禁把手指伸入孔内。

(2)电动打桩移动时,电缆应有专人移动,弯曲半径不得过小,不得强力拖拉,防止履板碾压。

(3)桩机移动时必须先将桩锤落下,左右缆风绳应有专人操作同步收放,严禁将锤吊在顶部移动桩机。

(4)横移直式桩机时,左右缆风要有专人松紧,两个卷筒要同时绕,度盘距扎沟滑轮不得小于 1 m。注意防止侧滑倾倒。

(5)桩机转向时,对走方木的桩机底盘,四支点中不得有任何一点悬空,步履式桩机横移液压缸的行程不得超过 100 cm。

(6)绕卷筒应戴帆布手套,手距卷筒不得小于 60 cm。

(7)安装履带式及轨道式柴油打桩机,连接各杆件应放在支架上进行。竖立导杆时,必须锁住履带或用轨钳夹紧,并设置溜绳。导杆升到 75°时,必须拉紧溜绳。待导杆竖直装好撑杆后,溜绳方可拆除。

(8)移动塔式桩机时,禁止行人跨越滑车组。其地锚必须牢固,缆风绳附近 10 m 内不得站人。

(9)用卷扬机副卷筒移动桩机时,一根钢丝绳不得同时绕在两个卷筒上。

(10)纵向移动直式桩机时;应将走管上扎沟滑轮及木棒取下,牵引钢丝绳及其滑车组应与桩机底盘平行。移动桩机钢丝绳的空端不得拴在吊装滑轮上。

(11)移动桩机和停止作业时,桩锤应放在最低位置。

怎样才能保障打混凝土预制桩施工的安全?

(1)插桩时,手脚严禁伸入桩与龙门架之间。

(2)利用桩机吊桩时,桩与桩架的垂直方向距离不应大于 4 m,偏吊距离不应大于 2.5 m,吊桩时要慢起,桩身应在两个以上不同方向系上缆索,由人工控制使桩身稳定。

(3)打桩时应采取与桩型、桩架和桩锤相适当的桩帽及衬垫,发现损坏应及时修整和更换。

(4)吊桩前应将锤提升到一定位置固定牢靠,防止吊桩时桩锤坠落。

(5)锤击不宜偏心，开始落距要小。如遇贯入度突然增大，桩身突然倾斜、位移，桩头严重损坏，桩身断裂，桩锤严重回弹等应停止锤击，经采取措施后方可继续作业。

(6)起吊时吊点必须正确，速度要均匀，桩身要平稳，必要时桩架应设缆风绳。

(7)熬制胶泥要穿好防护用品。工作棚应通风良好，注意防火；容器不准用锡焊，防止熔穿泄漏；胶泥浇筑后，上节应缓慢放下，防止胶泥飞溅。

(8)用撬棍或板舢等工具矫正桩时，用力不宜过猛。

(9)套送桩时，应使送桩、桩锤和桩三者中心在同一轴线上。

(10)桩身附着物要清除干净，起吊后人员不准在桩下通过。

(11)拔送桩时应选择合适的绳扣，操作时必须缓慢加力，随时注意桩架、钢丝绳的变化情况。

(12)吊桩与运桩发生干扰时，应停止运桩。

(13)送桩拔出后，地面孔洞必须及时回填或加盖。

怎样才能保障深层搅拌桩施工的安全？

(1)深层搅拌桩使用安全要求。

1)当发现搅拌机的入土切削和提升搅拌负荷及电动机工作电流超过额定值时，应减慢升降速度和补给清水；发生卡转、停转现象时，应切断电源，并将搅拌机强制提起，然后再重新启动电动机。

2)在整个施工过程中，冷却循环水不能中断，应经常检查进水、回水的温度。回水温度不应过高。

3)当电网电压低于 350 V 或高于 420 V 时，应暂停施工，以保护电动机。

(2)灰浆泵及输浆管路使用安全要求。

1)水泥浆内不得夹有硬结块，以免吸入泵内损坏缸体，可在集料斗上部装设吸网进行过筛。

2)泵送水泥浆前，管路应保持湿润，以利输浆。

(3)应定期拆卸清洗灰浆泵，注意保持齿轮减速箱内润滑油的清洁。

(4)输浆管路应保持干净，严防水泥浆结块，每日完工后应彻底清洗一次。喷浆搅拌施工过程中，如果发生事故而停机 30 min 以上，应先拆卸管路，排除灰浆，然后进行清洗。

怎样才能保障地下防水工程施工的安全？

(1)对有皮肤病、眼病、刺激过敏等患者，不得从事沥青工作。施工过程中，如发生恶心、头晕、刺激过敏等情况时，应立即停止操作。

(2)施工现场应有急救备用药品，以防被烫伤或恶心、头晕等时涂抹急救之用。

(3)操作时应注意风向，操作人员应站在上风方向；如遇大风，沥青烟雾飞扬，应停止工作，防止下风方向作业人员中毒或烫伤。

(4)从事沥青及有毒防水材料作业工作时，必须穿戴规定的防护用品。操作人员不得赤脚、穿短裤和短袖衣服进行操作，裤脚袖口应扎紧，并应佩戴手套的防脚套。装卸、搬运碎沥青，必须洒水，防止粉末飞扬。

(5)严禁使用未成年或精神不正常的工人参加屋面上的沥青工作或运输熔热油类工作。沥青作业每班应适当增加间歇时间。

(6)存放卷材和胶粘剂的仓库或现场要严禁烟火，如需用明火，必须有防火措施，且应设置一定数量的灭火器材和砂袋。

(7)开工前，现场施工人员必须向参加操作全体人员进行安全技术交底。要详细、认真地将所用材料的品种、规格、性能和有关设备(包括防火设备)，以及操作过程中应注意事项交底清楚。

(8)雨、霜、雪天，必须待屋面干燥后，方可继续进行工作，刮大风时应停止作业。

怎样才能保障地下防水工程施工中热油的安全？

(1)熬制沥青锅灶的地点，应设置在下风向；距离建筑物应超过10 m；距离易燃品堆放场所应超过25 m；距离电线垂直下方的两侧应在10 m以外，在地下5 m范围内不得有电缆。

(2)熬制沥青锅灶上方必须有防护棚，并要符合防火要求，须配备足够和妥善的防火器材（灭火筒、砂子、湿水麻袋、铁锅盖或备有一定数量的滑石粉等）。

(3)溶化铁桶沥青，先将桶盖和气孔全部打开，用铁条串通后，方准烘烤，并经常疏通放油孔和气孔。严禁火焰与油直接接触。

(4)熬油下料，不得超过油锅容量的2/3，并严防溢出锅外。熬油时应有人看守，必须在灭火后才准离开。下雨前及下班后应将铁盖把油锅盖好，每天完工后，应将炉火熄灭。

(5)熬油作业人员，应严守岗位，随时注意测量沥青温度的变化，沥青脱完水后，应用慢火升温。当锅内油冒白烟转变为冒浓的红黄烟时，应立即停火，这是着火的前兆。

(6)熬油过程中，在投放沥青时要特别小心，应将沥青小块沿锅边缓慢放入，严禁大块投放，锅内不得有积水。锅上周围的工具也要注意放好，防止跌入锅内，溅起油液。

(7)熬制沥青的锅边要距离火口应不小于70 cm，临时堆放沥青、燃料地点必须距离锅边不小于5 而，锅与锅之间距离应大于2 m。锅与烟囱之间的距离应大于80 cm。炉灶附近，严禁放置煤油等易燃、易爆物品。

(8)沥青加热温度及涂抹温度，可参照表3－4。

表3－4　沥青加热度及涂抹温度参照表

材料名称	加热温度(℃)	涂抹温度(℃)
石油沥青	220～240	180～200
焦油沥青	140～160	120～140

(9)配置冷底子油的位置,要离开沥青炉火以及一切火源火种50 m以上。下料应分批、少量、缓慢,不停搅拌,不得超过油锅容量的1/2,温度不得超过80 ℃,并应在避风处配制。如环境不许可时,也不得位于火源火种的上风向,必须在其下风向进行。

(10)配制冷底子油时,要严格掌握沥青温度,并禁止用铁棒搅拌。如发现冒出大量蓝烟时,应立即停止加入稀释剂。

(11)锅内沥青着火,应立即用铁锅盖或铁板将油锅盖严,停止鼓风,封闭炉门,熄炉火。如沥青溢出地面着火,应用砂、湿麻袋或灭火器熄灭火苗;严禁浇水灭火。

(12)配制、储存、涂刷冷底子油的地点严禁烟火,并不得在附近进行电焊、气焊等作业。

怎样才能保障卷材铺贴施工的安全?

(1)垂直运输热沥青,应采用运输机具,运输机具应牢固可靠。如用滑轮吊运时,上面的操作平台应设置防护栏杆,提升时要系拉牵绳,防止油桶摆动,油桶下方10 m半径范围内禁止站人。

(2)油桶要平放,不得两人抬运。在运输途中,注意平稳,精神要集中,防止不慎跌倒造成伤害。

(3)在坡度较大的屋面运热沥青时,应采取专门的安全措施(如穿防滑鞋等),油桶下面应加垫,保证油桶放置平稳。

(4)禁止直接用手传递,操作人员也不准沿楼梯挑上,接料人员应用钩子将油桶钩放在平台上放稳,不得过于探身用手接触油桶。

(5)浇倒热沥青与铺贴卷材的操作人员应保持一定距离,并根据风向错位,浇至四周边沿时,要侧身操作,以避免热沥青飞溅烫伤。

(6)屋面四周没有女儿墙和未搭设外脚手架时,施工前必须搭设好防护栏杆,其高度应高出沿周边1.2 m。防护栏杆应牢固可靠。

(7)浇倒热沥青时,必须注意屋面的缝隙和小洞,防止沥青漏落。浇倒屋面四周边沿时,要随时拦扫下淌的沥青,以免流落下方,并应通知下方人员注意避开。檐口下方不得有人行走或停留，以防沥青流落伤人。

(8)避免在高温烈旧下施工。

(9)配制速凝剂时，操作人员必须戴口罩和手套。

(10)使用喷灯时，应清除周围的易燃物品；必须远离冷底子油，严禁在涂刷冷底子油区域内使用喷灯。喷灯煤油不得过满，打气不应过足，并必须在用火地点备有防火器材。

(11)在地下室、基础、池壁、管道、容器内等地方进行有毒、有害的涂料和涂抹沥青防水等作业时，应有通风设备和防护措施，并应定时轮换操作。

(12)地下室防水施工的照明用电，其电源电压应不大于 36 V；在特别潮湿的场所，其电源电压不得大于 12 V。

(13)运上屋面的材料，如卷材、鱼眼砂等，应平均分散堆放，随用随运，不得集中堆料。在坡度较大的屋面上堆放卷材时，应采取措施，防止滑落。

(14)处理漏水部位，须用手直接接触掺加了促凝剂的砂浆时，要戴胶皮手套或胶皮手指套。

(15)盛装热沥青的铁勺、铁壶、铁桶要用咬口接头，严禁用锡进行焊接，桶宜加盖，装油量不得超过上述容器的 2/3。

(16)铺贴垂直墙面卷材，其高度超过 1.5 m 时，应搭设牢固的脚手架。

第四章

砌体工程施工安全

怎样才能保障砖砌体工程施工的基本安全？

（1）在台风到来之前，已砌好的山墙应临时用联系杆（例如桁条）放置各跨山墙间，联系稳定。否则，应另行作好支撑措施。

（2）砖垛上取砖时，应先取高处后取低处，防止垛倒砸人。

（3）深基坑装顶的拆除，应随砌筑的高度，自下而上将支顶逐层拆除并每拆一层，随即回填一层泥土，防止该层基土发生变化。当在坑内工作时，操作人员必须戴好安全帽。操作地段上面要有明显标志，警示基坑内有人操作。

（4）脚手架站脚处的高度，应低于已砌砖的高度。

（5）砌砖在一层以上或高度超过 4 m 时，若建筑物外边没有架设脚手架平桥，则应支架安全网或护身栏杆。

（6）不准站在墙上做划线、称角、清扫墙面等工作。上下脚手架应走斜道，严禁踏上窗台出入平桥。

（7）基坑边堆放材料距离坑边不得少于 1 m。尚应按土质的坚实程序确定。当发现土壤出现水平或垂直裂缝时，应立即将材料搬离并进行基坑装顶加固处理。

（8）砍砖时应面向内打，注意砖碎弹出伤人。

（9）基础砌砖时，应经常注意和检查基坑土质变化情况，有无崩裂和塌陷现象。当深基坑装设挡板支顶时，操作人员应设梯子上落，不应攀爬支顶和踩踏砌体上落；运料下基坑不得碰撞支顶。

（10）砌砖使用的工具、材料应放在稳妥的地方，工作完毕应将脚手板和砖墙上的碎砖、灰浆等清扫干净，防止掉落伤人。

怎样才能保障中、小型砌块砌体工程施工的基本安全?

(1)堆放在楼板上的砌块不得超过楼板的允许承载力。采用内脚手架施工时,在二层楼面以上必须沿建筑物四周设置安全网,并随施工高度逐层提升,屋面工程未完工前不得拆除。

(2)安装砌块时,不准站在墙上操作和墙上设置支撑、缆绳等。在施工过程中,对稳定性较差的窗间墙、独立柱应加稳定支撑。

(3)吊装砌块和构件时应注意其重心位置,禁止用起重拔杆拖运砌块,不得起吊有破裂脱落危险的砌块。起重拔杆回转时,严禁将砌块停留在操作人员的上空或在空中整修、加工砌块。吊装较长构件时应加稳绳。吊装时不得在其下一层楼内进行任何工作。

(4)砌块施工宜组织专业小组进行。施工人员必须认真执行有关安全技术规程和本工种的操作规程。

(5)当遇到下列情况时,应停止吊装工作。

1)起吊设备、索具、夹具有不安全因素而没有排除时。

2)因刮风,使砌块和构件在空中摆动不能停稳时。

3)噪声过大,不能听清指挥信号时。

4)大雾或照明不足时。

怎样才能保障石砌体工程施工的基本安全?

(1)搬运石料前,应检查搬运工具、绳索是否牢靠。石料要拿稳放牢。用车子或筐运送时,不应装得过满,防止滚落伤人。

(2)在脚手架上砌石,不得使用大锤,修整石块时要戴防护目镜,不准两人对面操作。操作时,应戴厚帆布防护手套。

(3)用绳缆抬石,应用双时缆,不应用单缆,并且有缆的一面向人,前后两人要互相呼应、互相照顾、步伐一致。

(4)砌石施工有关基础、墙身砌筑的安全操作事项,参照相关要求。

(5)石块不得往下掷。运石上落时，桥板要架设牢固，并有防滑措施，桥板宽度应大于 50 cm，同时桥侧要有扶手栏杆。

(6)坑槽运石料，应用溜槽或吊运，下方不准有人。

(7)用手推车运石料时，应掌握车的重心，装车先装后面，卸车先卸前面，装车不得超载。

(8)开尖操作前应检查铁尖、大锤等有无裂痕，是否牢固；如有，则应修理，才可使用。铁尖要用小麻绳拴紧，操作时用脚踩实麻绳，以防铁尖飞出伤人。开尖时翻动石块要使用铁笔，在石块底斜处用小石块垫牢，以防石块滚动。

(9)扑石时先检查锤头有无破裂，锤柄是否牢靠。打锤要按照石纹走向落锤，锤口要平，落锤要准。落锤要选择方向，看清附近情况，有无危险，方可落锤，以防止伤人。

(10)工作完毕，应将脚手板上的石渣碎片清扫干净。

第五章 模板工程施工安全

怎样才能保障模板安装的安全？

(1)楼层高度超过 4 m 或二层及二层以上的建筑物，安装和拆除钢模板时，周围应设安全网或搭设脚手架和加设防护栏杆。在临街及交通要道地区，尚应设警示牌，并设专人维持安全，防止伤及行人。

(2)模板安装必须按模板的施工设计进行，严禁任意变动。

(3)现浇整体式的多层房屋和构筑物安装上层楼板及其支架时，应符合下列要求。

1)下层楼板结构的强度要达到能承受上层模板、支撑系统和新浇筑混凝土的重量时，方可进行。否则下层楼板结构的支撑系统不能拆除，同是上下层支柱应在同一垂直线上。

2)下层楼板混凝土强度达到 1.2 MPa 以后，才能上料具。料具要分散堆放，不得过分集中。

3)如采用悬吊模板、桁架支模方法，其支撑结构必须要有足够的强度和刚度。

(4)模板及其支撑系统在安装过程中，必须设置临时固定设施，严防倾覆。

(5)采用分节脱模时，底模的支点应按设计要求设置。

(6)模板的支柱纵横向水平、剪刀撑等均应按设计的规定布置，当设计无规定时，一般支柱的网距不宜大于 2 m，纵横向水平的上下步距不宜大于 1.5 m，纵横向的垂直剪刀撑间距不宜大于 6 m。当支柱高度小于 4 m 时，应设上下两道水平撑和垂直剪刀撑。以后支柱每增高 2 m 再增加一道水平撑，水平撑之间还需增加剪刀撑一道。当楼层高度超过 10 m 时，模板的支柱应选用长料，同一支柱的

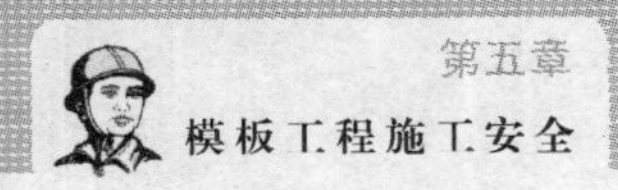

连接头不宜超过 2 个。

(7)当层间高度大于 5 m 时，若采用多层支架支模，则在两层支架立柱间应铺设垫板，且应平整，上下层支柱要垂直，并应在同一垂直线上。

(8)承重焊接钢筋骨架和模板一起安装时，应符合下列要求。

1)安装钢筋模板组合体时，吊索应按模板设计的吊点位置绑扎。

2)模板必须固定在承重焊接钢筋骨架的节点上。

(9)预拼装组合钢模板采用整体吊装方法时，应注意以下要点。

1)使用吊装机械安装大块整体模板时，必须在模板就位并连接牢靠后，方可脱钩。并严格按照吊装机械使用安全操作技术的相关要求进行操作。

2)拼装完毕的大块模板或整体模板，吊装前应按设计规定的吊点位置，先进行试吊，确认无误后，方可正式吊运安装。

3)安装整块柱模板时，不得将柱子钢筋代替临时支撑。

(10)在架空输电线路下面安装和拆除组合钢模板时，吊机起重臂、吊物、钢丝绳、外脚手架和操作人员等与架空线路的最小安全距离应符合下表的要求。如不符合表 5—1 的要求时，要停电作业；不能停电时，应有隔离防护措施。

表 5—1 施工设施和操作人员与架空线路的最小安全距离

外电显露电压(kV)	<1	1～10	35～110	154～220	330～500
最小安全操作距离(m)	4	6	8	10	15

(11)支撑应按工序进行，模板没有固定前，不得进行下道工序。

(12)用钢管和扣件搭设双排立柱支架支承梁模时，扣件应拧紧，且应检查扣件螺栓的扭力矩是否符合规定，当扭力矩不能达到规定值时，可放两个扣件与原扣件挨紧。横杆步距按设计规定，严禁随意增大。

(13)支设 4 m 以上的立柱模板和梁模板时，应搭设工作台，不足 4 m 的，可使用马凳操作，不准站在柱模板上和在梁底板上行走，

更不允许利用拉杆、支撑攀登上下。

(14)平板模板安装就位时，要在支架搭设稳固，板下楞与支架连接牢固后进行。U形卡要按设计规定安装，以增强整体性，确保模板结构安全。

(15)墙模板在未装对拉螺栓前，板面要向内倾斜一定角度并撑牢，以防倒塌。安装过程要随时拆换支撑或增加支撑，以保持墙板处于稳定状态。模板未支撑稳固前不得松动吊钩。

(16)单片柱模板吊装时，应采用卸扣(卡环)和柱模连接，严禁用钢筋钩代替，以避免柱模翻转时脱钩造成事故，待模板立稳后并拉好支撑，方可摘除吊钩。

(17)安装墙模板时，应从内、外角开始，向互相垂直的两个方向拼装，连接模板的U形当模板采用分层支模时，第一层模板拼装后，应立即将内、外钢楞、穿墙螺栓、斜撑等全部安设紧固稳定。当下层模板不能独立安设支承件时，必须采取可靠的临时固定措施，否则禁止进行上一层模板的安装。

怎样才能保障模板拆除施工的安全？

(1)已拆除的模板、拉杆、支撑等应及时运走或妥善堆放，严防操作人员因扶空、踏空坠落。

(2)工作前，应检查所使用的工具是否牢固，扳手等工具必须用绳链系挂在身上，工作时思想要集中，防止钉子扎脚和从空中滑落。

(3)拆除模板一般采用长撬杠，严禁操作人员站在正拆除的模板下。在拆除楼板模板时，要注意防止整块模板掉下，尤其是用定型模板做平台模板时，更要注意，防止模板突然全部掉下伤人。

(4)拆模板，应经施工技术人员按试块强度检查，确认混凝土已达到拆模强度时，方可拆除。

(5)拆模间歇时，应将已活动的模板、拉杆、支撑等固定牢固，严防突然掉落、倒塌伤人。

(6)高处、复杂结构模板的拆除，应有专人指挥和切实可靠的安全措施，并在下面标出作业区，严禁非操作人员进入作业区。操作人员应配挂好安全带,禁止站在模板的横拉杆上操作,拆下的模板应集中吊运,并多点捆牢,不准向下乱扔。

(7)拆除时应严格遵守各类模板拆除作业的安全要求。

(8)在混凝土墙体、平板上有预留洞时,应在模板拆除后,随即在墙洞上做好安全护栏,或将板的洞盖严。

怎样才能保障木模板(含木夹板)安装的安全?

(1)安装二层或以上的外围柱、梁模板,应先搭设脚手架或挂好安全网。

(2)安装模板应按工序进行,当模板没有固定前,不得进行下一道工序作业。禁止利用拉杆、支撑攀登上路。

(3)基础及地下工程模板安装时,应先检查基坑土壁边坡的稳定情况,发现有塌方危险时,必须采取安全加固措施后,方能作业。

(4)在现场安装模板时,所用工具应装入工具袋内,防止高处作业时,工具掉下伤人。

(5)向坑内运送模板应用吊机、溜槽或绳索,运送时要有专人指挥,上下呼应。

(6)二人抬运模板时,要互相配合,协同工作。传送模板、工具应用运输工具或绳子绑扎牢固后升降,不得乱扔。

(7)采用桁架支撑应严格检查,发现桁架严重变形、螺栓松动等应及时修复。

(8)操作人员上下基坑要设扶梯。基槽(坑)上口边缘 1 m 以内不允许堆放模板构件和材料。

(9)安装楼面模板遇有预留洞口的地方,应作临时封闭,以防误踏和坠物伤人。

(10)模板支撑支在土壁上时,应在支点上加垫板,以防支撑不牢或造成土壁坍塌。

(11)支模时,支撑、拉杆不准连接在门窗、脚手架或其他不稳固的物件上。在混凝土浇灌过程中,要有专人检查,发现变形、松动等现象,要及时加固和修理,防止塌模伤人。

(12)安装柱、梁模板应设临时工作台,不得站在柱模上操作和在梁底模板上行走。

(13)装楼面模板,在下班时对已铺好而来不及钉牢的定型模板或散板、钢模板等,应拿起堆放稳妥,以防事故发生。

(14)模板支撑不得使用腐朽、扭裂、劈裂的材料。顶撑要垂直、底部平整坚实,并加垫木。木楔要钉牢,并用横顺拉杆和剪撑拉结牢固。

(15)在通道地段,安装模板的斜撑及横撑木必须伸出通道时,应先考虑通道通过行人或车辆时所需要的高度。

怎样才能保障木模板(含木夹板)拆除的安全?

(1)拆除薄腹梁、吊车梁、桁架等预制构件模板时,应随拆随加支撑支牢,顶撑要有压脚桩,防止构件倒塌事故。

(2)拆除模板前,应将下方一切预留洞口及建筑物周围用木板或安全网作防护围蔽,防止模板枋料坠落伤人。

(3)拆除模板必须经施工负责人同意,方可拆除。操作人员必须戴好安全帽。操作时应按顺序分段进行,超过 4 m 以上高度,不允许让模板本料自由落下。严禁猛撬、硬砸或大面积撬落和拉倒。

(4)完工后,不得留下松动和悬挂的模板枋料等。拆下的模板枋料应及时运送到指定地点集中堆放稳妥。

怎样才能保障定型组合钢模板安装施工的基本安全?

(1)安装和拆除组合钢模板,当作业高度在 2 m 及以上时,尚应遵守高处作业有关规定。

(2)多人共同操作或扛抬组合钢模板时,要密切配合,协调一致,互相呼应;高处作业时要精神集中,不得逗闹和酒后作业。

(3)组合钢模板夜间施工时,要有足够的照明,行灯电压一般不超过 36 V，在满堂红钢模板支架或特别潮湿的环境时，行灯电压不得超过 12 V；照明行灯及机电设备的移动线路，要采用橡套电缆。

(4)模板的预留孔洞、电梯井口等处，应加盖或设防护栏杆。

(5)施工用临时照明及机电设备的电源线应绝缘良好，不得直接架设在组合钢模板上，应用绝缘支持物使电线与组合钢模板隔开，并严格防止线路绝缘破损漏电。

(6)高处作业支、拆模板时，不得乱堆乱放，脚手架或工作平台上临时堆放的钢模板不宜超过 3 层，堆放的钢模板、部件、机具连同操作人员的总荷载，不得超过脚手架或工作平台设计控制荷载，当设计无规定时，一般不超过 2700 N/m^2。

(7)高处作业人员应通过斜道或施工电梯上下通行，严禁攀登组合钢模板或绳索等上下。

(8)支模过程中如遇中途停歇，应将已就位的钢模板或支承件连接牢固，不得架空浮搁；拆模间歇时，应将已松扣的钢模板、支承件拆下运走，防止坠落伤人或人员扶空坠落。

(9)组合钢模板安装和拆除必须编制安全技术方案，并严格执行。

(10)安装和拆除钢模板，高度在 3 m 及以下时，可使用马凳操作，高度在 3 m 及以上时，应搭设脚手架或工作平台，并设置防护栏杆或安全网。

(11)操作人员的操作工具要随手放入工具袋，不便放入工具袋的要拴绳系在身上或放在稳妥的地方。

怎样才能保障定型组合钢模板拆除的安全？

(1)拆除现场散拼的梁、柱、墙等模板，一般应逐块拆卸，不得成片松扣撬落或拉倒；拆除平台、楼层结构的底模，应设临时支撑，防止大片模板坠落；拆下的钢模板，严禁向下抛掷，应用溜槽或绳索系下，上下传递时，要互相接应，防止伤人。

(2)拆除基础及地下工程模板时，应先检查基槽(坑)土壁的安全状况，发现有松软、龟裂等不安全因素时，必须在采取防范措施后方可下基槽(坑)作业。

(3)预拼大块钢模板、台模等整体拆除时,应先挂好吊绳或倒链,然后拆卸连接件;拆模时,要用手锤敲击板体,使之与混凝土脱离,再吊运到指定地点堆放整齐。

(4)模板拆除的顺序和方法,应遵照施工组织设计(方案)规定。一般应先拆除侧模,后拆底模;先拆非承重部分,后拆承重部分。

(5)拆除高处模板,作业区范围内应设有警示信号标志和警示牌,作业区及进出口,应设专人负责安全巡视,严禁非操作人员进入作业区。

怎样才能保障定型组合钢模板安装的安全?

(1)安装预拼装整体柱模板时,应边就位,边校正,边安设支撑固定。整体柱模就位安装时,要有套入柱子钢筋骨架的安全措施,以防止人身安全事故的发生。

(2)墙模板现场散拼支模时,钢模板排列、内外楞位置、间距及各种配件的设置均应按钢模板设计进行;当采取分层分段支模时,应自下而上进行,并在下一层钢模板的内外钢楞、各种支承件等全部安装紧固稳定后,方可进行上一层钢模板的安装,当下层钢模板不能独立地安设支承件时,必须采取临时固定措施,否则不得进行上一层钢模板的安装。

(3)需要拼装的模板,在拼装前应作好操作平台,操作平台必须稳固、平整。

(4)墙模板的内外支撑必须坚固可靠,确保组合钢模板的整体稳定;高大的墙模板宜搭设排架式支承。

(5)安装基础及地下工程组合钢模板时,基槽(坑)上口的 1 m 边缘内不得堆放钢模板及支承件;向基槽(坑)内运料应用起重机、溜槽或绳索系下;高大长胫基础分层、分段支模板时,应边组装钢模板边安设支承杆件,下层钢模板就位校正并支撑牢固后,方可进行上一层钢模板的安装。

(6)柱模板现场散拼支模应逐块逐段上够 U 形卡、紧固螺栓、柱箍或紧固钢楞并同时安设支撑固定。

(7)安装预拼装大片钢模板应同时安设支承或用临时支撑支稳，不得将大片模板系在柱钢筋上代替支撑，四侧模板全部就位后要随即进行校正，并坚固角模，上齐柱箍或紧固钢楞，安设支撑固定。

(8)安装组合钢模板，一般应按自下而上的顺序进行。模板就位后，要及时安装好U形卡和L形插销，连杆安装好后，应将螺栓紧固。同时，架设支撑以保证模板整体稳定。

(9)柱模的支承必须牢固可靠，确保整体稳定，高度在4 m及以上的柱模，应四面支承。当柱模超过6 m时，不宜单根柱子支模及灌注混凝土施工，宜采用群体或成列同时支模并将其支承毗连成一体，形成整体构架体系。

(10)安装基础及地下工程组合钢模板时，基槽(坑)上口的1 m边缘内不得堆放钢模板及支承件；向基槽(坑)内运料应用吊机、溜槽或绳索系下；高大长胫基础分层、分段支模板时，应边组装钢模板边安设支承杆件，下层钢模板就位校正并支撑牢固后，方可进行上一层钢模板的安装。

(11)预拼装大块墙模板安装，应边就位，边校正和插置连接件，边安设支承件或临时支撑固定，防止大块钢模板倾覆。当采用起重机安装大块钢模板时，大块钢模板必须固定可靠后方可脱钩。

(12)安装独立梁模板，一般应设操作平台，高度超过6 m时，应搭设排架并设防护栏杆，操作人员不得在独立梁底板或支架上操作及上下通行。

(13)安装圈梁、阳台、雨篷及挑檐等模板，这些模板的支撑应自成系统，不得交搭在施工脚手上架上；多层悬挑结构模板的支柱，必须上下保持一条垂直中心线上。

怎样才能保障大模板安装的安全？

(1)模板安装就位后，要采取防止触电的保护措施，应设专人将大模板串联起来，并与避雷网接通，防止漏电伤人。

(2)吊装大模板时,如有防止脱钩装置,可吊运同一房间的两块板,但禁止隔着墙同时吊运另一面的一块模板。

(3)大模板起吊前,应将起重机的位置调整适当,并检查吊装用绳索、卡具及每块模板上的吊环是否牢固可靠,然后将吊钩挂好,拆除一切临时支撑,稳起稳吊不得斜牵起吊,禁止用人力搬动模板。吊运安装过程中,严防模板大幅度摆或碰倒其他模板。

(4)组装平模时,应及时用卡或花篮螺丝将相邻模板连接好,防止倾倒;安装外墙外模板时,必须将悬挑扁担固定;位置调好后,方可摘钩。外墙外模板安装好后要立即穿好销杆,紧固螺栓。

(5)大模板安装时,应先内后外,单面模板就位后,应用支架固定并支撑牢固。双面模板就位后用拉杆和螺栓固定,未就位和固定前不得摘钩。

(6)大模板必须设有操作平台、上下梯道、防护栏杆等附属设施。如有损坏,应及时修好。大模板安装就位后为便于浇倒混凝土,两道墙模板平台间应搭设临时走道或其他安全措施,严禁操作人员在外墙板上行走。

(7)有平台的大模板起吊时,平台上禁止存放任何物料。里外角模和临时摘挂的板面与大模板必须连接牢固,防止脱开和断裂坠落。

(8)大模板组装或拆除时,指挥、拆除和挂钩人员,必须站在安全可靠的地方方可操作,严禁任何人员随大模板起吊,安装外模板的操作人员应配挂安全带。

(9)清扫模板和刷隔离剂时,必须将模板支撑牢固,两板中间保持不应少于 60 cm 的走道。

怎样才能保障大模板堆放的安全?

(1)大模板放置时,下面不得压有电线和气焊管线。

(2)平模叠放运输时,垫木必须上下对齐,绑扎牢固,车上严禁坐人。

(3)平模存放时,必须满足地区条件所要求的自稳角。大模板存放在施工楼层上,应有可靠的防倾倒措施。在地面存放模板时,两块大模板应采用板面对板面的存放方法。长期存放应将模板联成整体。对没有支撑或自稳角不足的大模板，应存放在专用的堆放架上，或者平卧堆放，严禁靠放到其他模板或构件上，以防下脚滑移倾翻伤人。

怎样才能保障大模板拆除的安全？

（1）起吊时应先稍微移动一下，证明确属无误后，方可正式起吊。

（2）拆除模板应先拆穿墙螺栓和铁件等，并使模板面与墙面脱离，方可慢速起吊。起吊前认真检查固定件是否全部拆除。

（3）大模板的外模板拆除前，要用起重机事先吊好，然后才准拆除悬挂扁担及固定件。

怎样才能保障台模（飞模）的安装的安全？

（1）台模校正。标高用千斤顶配合调整，并在每根立柱下用木楔垫起或用可调钢套管。

（2）支模前，先在楼、地面按布置图弹出各台模边线以控制台模位置，然后将组装好的柱筒子模套上，这时再将台模吊装就位。

（3）当有柱帽时，应制作整体斗模，斗模下口支承于柱子筒模上，上口用U形卡与台模相连接。

（4）装车运输时，应将台模与车系牢，严防台模运输时互相碰撞和倾覆。

（5）堆放场地应平坦坚实，严防地基下沉引起台模架扭曲变形。

（6）组装后及再次安装前，应设专人检查和整修，不符合标准要求者，不得投入使用。

（7）起飞台模用的临时平台，结构必须可靠，支搭坚固，平台上应设车轮的制动装置，平台外沿应设护栏，必要时还应设安全网。

（8）高空窄的台模架宜设连杆互相牵牢，防止失稳倾倒。

（9）拆下及移至下一施工段使用时，模架上不得浮搁板块、零配件及其他用具，以防坠落伤人。待就位后，其后端与建筑物做好可靠拉结后，方可上人。

(10)台模必须经过设计计算，确保其承受全部施工荷载，并在反复周转使用时能满足强度、刚度和稳定性的要求。

(11)在运行起飞时，严禁有人搭乘。

怎样才能保障台模(飞模)拆除的安全?

(1)台模吊装挂钩，必须采用卡环将台模的吊环与吊绳绳扣卡牢的方法，以保证不脱钩。

(2)台模尾部要绑安全绳，安全绳另一端绕套在施工结构坚固的物体上，徐徐放松。

(3)当不采用专用的悬挑起飞平台时，结构边沿的地滚轮一定要比里边高出 1～2 cm，以免台模自动滑出。并将台模的重心位置用红油漆标在台模侧面明显位置，台模挂钩前，严格控制其重心不能到达外边沿第一个滚轮，以免台模外倾。

(4)拆除台模(飞模)必须有专人统一指挥，升降台要同步进行。

(5)台模飞出后，楼层外边缘立即绑好护身栏。台模每使用一次，必须逐个检查螺栓，发现有松动现象，立即拧紧。

(6)信号工与挂钩人员必须经过专门培训，上下两个信号工责任要分清，一人在下层负责指挥台模的推出、打掩、挂安全绳、挂钩起吊工作；另一人在上层负责电动倒链的吊绳调整，以保证台模在推出过程中一直处于平衡状态，而且吊绳逐步调整到使台模保持与水平面基本平行，并负责指挥台模的就位与摘钩。信号工及挂钩人员要系好安全带，不得穿塑料及其他硬底鞋，以防滑跌。挂钩人员挂好钩立即离开台模，信号工必须待操作人员全部离开台模后，方可指挥起吊。

怎样才能保障滑动模板安装的安全?

(1)液压控制台在安装前，必须预先做加压试车工作，经严格检查后，方准运到工程上去安装。

(2)操作平台上，不得多人聚集一处，下班时应清扫和整理好料具；夜间施工应准备手电筒，以预防晚间停电。

(3)滑模的平台必须保持水平，千斤顶的升差应随时检查调整。

(4)滑升过程中，要随时调整平台水平、中心的垂直度，以防平台扭转和水平位移。

(5)人货两用施工电梯，应安装柔性安全卡、限位开关等安全装置，上、下应有通讯联络设备。且应设有安全刹车装置。

(6)平台内、外脚手架使用前，应全部设置好安全网，安全网要紧靠筒壁。

(7)为防高处坠物伤人，烟囱底部的 2.5 m 高度处搭设防护棚，防护棚应坚固可靠，上面应铺 6～8 mm 厚的钢板一层。

(8)滑升机具和操作平台应严格按照施工设计安装。平台四周要有防护栏杆和安全网，平台板铺设不得留空隙。施工区域下面应设安全围栏，经常出入的通道要搭设防护棚。

(9)组装前，应对各部件的材质、规定和数量进行详细检查，以便剔除不合格部件。

(10)应定期对一切起重设备的限位器、刹车装置进行测定，以防失灵发生意外。

(11)滑模提升前，若为柔性索道运输时，必须先放下吊笼，再放松导索，检查支承杆有无脱空现象，结构钢筋与操作平台有无挂连，确认无误后，方可提升。

(12)模板安装完后，应进行全面检查，确实证明安全可靠后，方可进行下一工序的工作。

(13)滑模操作平台上的施工人员应定期体检，经医生诊断凡患有高血压、心脏病、贫血、癫痫病及其他不适应高处作业疾病的，不得上操作平台工作。

怎样才能保障滑动模板拆除施工的安全？

(1)滑模装置拆除必须组织拆除专业队，指定熟悉该项专业技术的专人负责统一指挥。参加拆除的作业人员，必须经过技术培训，考核合格后方能上岗。不能中途随意更换作业人员。拆除前应向全体操作人员进行详细的安全操作交底工作。

(2)拆除作业必须在白天进行，宜采用分段整体拆除，在地面解体。模板拆除应均衡对称，拆除的部件及操作平台上的一切物品，均不得从高处抛下。

(3)滑模装置拆除前应检查各支承点埋设件牢固情况，以及作业人员上下走道是否安全可靠。当拆除工作利用施工的结构作为支承点时，对结构混凝土强度的要求应不低于 15 N/mm^2，且经结构验算确定。

(4)拆除滑模装置使用的垂直运输设备和机具，必须检查合格后方准使用。

(5)滑动模板拆除必须编制详细的施工方案，明确拆除的内容、方法、程序、使用的机械设备、安全措施及指挥人员的职责等，并报上级主管部门审批后方可实施。

(6)对烟囱类构筑物宜在顶端设置安全行走平台。

怎样才能保障爬模安装施工的安全?

(1)经常检查撑头是否有变形，如有变形应立即处理，以防爬模架护墙螺栓超荷发生事故。

(2)爬杆螺栓是否全部达到要求。

(3)模板提升好后，应立即校正与内模板固定，待有可靠的保证方可使油泵回油松掉千斤顶或倒链。

(4)爬模操作人员必须遵守工地的一般安全规定，并佩戴所规定劳动保护用品。

(5)在液压千斤顶或倒链提升过程中，应保持模板平稳上升，模板顶面的高低差不得超过 100 mm。并在提升过程中，应经常检查模板与脚手架之间是否有钩挂现象，油泵是否工作正常。

(6)提升爬架时，应先把模板中的油泵爬杆换到爬架油泵中(拆除撑头防止落下伤人)，拧紧爬杆螺栓，这时方允许拆除护墙螺栓。然后开始提升，提升过程中应注意爬架的高低差不超过 50 mm 和有无障碍物。

(7)提升前应检查模板是否全部脱离墙面，内外模板的拉杆螺栓是否全部抽掉。

(8)爬架的提升必须在混凝土达到所规定的强度后方可提升，提升时应有专人指挥，且必须满足下列要求。

1)保险钢丝绳必须拴牢，并设专人检查无误。

2)每个爬架必须挂两个倒链(或一个千斤顶)提升。

3)大模板的穿墙螺栓全部均未松动。

4)拆除爬架附墙螺栓前，倒链全部调整到工作状态，然后才能拆除附墙螺栓。

上述条件均已全部具备方可提升。

(9)提升大模板时，其对应模板只能单块提升，严禁两块大模板同时提升，且应注意下列事项。

1)保险钢丝绳必须拴牢，并有专人检查。

2)大模板必须在悬空的情况下，穿墙螺栓全部拆除。

3)用多个倒链提升时，应先将各倒链调整到工作状态，方可拆除穿墙螺栓。

(10)提升到位后，安装附墙螺栓，并按规定垫好垫圈拧紧螺帽，用测力扳手测定达到要求后，方可松掉倒链(或千斤顶)。严禁用塔式起重机提升爬架。

(11)大模板提升必须设专人指挥，各个倒链或千斤顶必须同步进行。

怎样才能保障爬模拆除施工的安全?

(1)进行拆模架的工作时，附近和下面应设安全警戒线，并派专人把守，以防物件坠落伤人。

(2)检查索具，用卸甲(严禁用钩)扣住模板吊环，用塔式起重机轻轻吊紧，并在两端用绳拉紧，防止转动，然后抽去千斤顶爬杆，做到吊运时稳运、稳落，防止大模板大幅度晃动、碰撞造成倒塌事故。

(3)有窗口的爬架拆除时，操作人员不得进入爬架内，只许在室内拆除螺栓。无窗口的爬架进入爬架内拆除螺栓，爬架上口和附墙处均需拉缆风绳，严禁人员随爬架吊运。

(4)松开爬架顶上挑扁担的垫铁螺栓，以便观察塔式起重机是否真正将模板吊空。

(5)起吊时，应采用吊环和安全吊钩，卸甲不得斜牵起吊，严禁操作人员随模板起落。

(6)拆除爬架、爬模要由专人进行，设专人指挥，严格按照所规定的拆除程序进行。

(7)堆放模架的场地，应在事前平整夯实，并比周围垫高150 mm，防止积水，堆放前应铺通长垫木。

第六章 脚手架工程施工安全

怎样才能保障竹脚手架搭设的安全？

（1）根据建筑物的平面几何形状和搭设高度，确定脚手架的搭设形式及各部分如斜道、上料平台架等的位置。夯实搭设脚手架范围内的回填土。

（2）施工程序。

确定立杆位置→挖立杆坑→竖立杆→绑大横杆→绑顶撑→绑小横杆→铺脚手板→绑栏杆→绑抛撑、斜撑、剪刀撑等→设置连墙点→搭设安全网。

1）绑小横杆。小横杆绑扎在立杆上。采用竹笆、木或钢筋网预制脚手板，小横杆应置于大横杆之下；采用纵向支取的脚手板，小横杆应置于大横杆之上。

2）竖立杆。先竖里排两端头的立杆，再立中间立杆，外排立杆照里排立杆依次进行。立杆竖好后，应纵向成行，横向成方，杆身垂直。立杆弯曲时，其弯曲面应顺纵向方向，既不能朝墙面也不能背墙面，以保证大横杆能与立杆接触良好。

3）绑大横杆。脚手架两端大横杆的大头应朝外。绑扎第一步架的大横杆时，应检查立杆是否埋正、埋牢。同一步架的大横杆大头朝向应一致，上下相邻两步架的大横杆大头朝向应相反，以增强脚手架的整体稳定。

4）扫地杆。脚手架的搭设高度较小，地基为岩石等坚硬土层时，可不挖立杆坑，直接在地面上竖立杆，在立杆底部加绑扫地杆。

5）绑顶撑。顶撑并立在立杆旁，与立杆绑扎三道，顶住顶紧小横杆。脚手架的小横杆在大横杆之下时，则必须设置顶撑。顶撑应选用整根竹杆，不允许接长。上下顶撑应保持在同一直线上，最底层顶撑下端应支承在夯实地面的垫块上，如砖、木等。其他各层顶撑下端不得加垫块。

6)立杆坑。坑深 300～500 mm，坑口直径较立杆直径大 100 mm。坑底直径稍大于坑口直径，这样可容纳较多的回填土，坑口自然土破坏较少，易于将立杆挤紧，埋设稳固。

7)铺脚手板。横铺脚手板绑扎在搁栅上，直铺脚手板绑扎在小横杆上。操作层脚手板必须满铺，直铺脚手板搭接必须在小横杆处。

8)搭设安全网。按照建筑施工安全网搭设安全技术要求进行。

9)设置连墙点。脚手架高度超过 7 m 时，随搭设脚手架随设置连墙点。整体脚手架向里的倾斜度为 1%，脚手架全高倾斜不允许大于 150 mm，严禁向外倾斜。

10)绑抛撑、斜撑、剪刀撑。脚手架搭设至三步架以上时，即应绑扎抛撑、斜撑（脚手架长 15 m 以内）、剪刀撑（脚手架长超过 15 m）。

(3)双排外脚手架安全技术要求。

1)立杆必须按规定进行接长，相邻两立杆的接头应上下错开一个步距。

2)为使接长后的立杆位于同一平面内，上下立杆的接头应沿纵向左右错开。竹杆存在弯曲时，应将弯曲部分弯向脚手架纵向。

3)小横杆：小横杆垂直于墙面，绑扎在立杆上。采用竹笆或木、钢筋网预制脚手板，小横杆应置于大横杆下；采用纵向支撑的脚手板，小横杆位于大横杆之上。操作层的小横杆应加密间距：砌筑用脚手架不大于 0.5 m；装饰用脚手架不大于 0.75 m。

4)立杆的垂直偏差：脚手架顶端向内水平倾斜不得大于架高 1/250，且≤100 mm，不得向外倾斜。

5)大横杆：大横杆绑扎在立杆的内侧，沿纵向平放。大横杆必须按规定进行接长，接头置于立杆处，接头位置应上下、里外错开一倍的立杆纵距。

同一排大横杆的水平偏差不得大于脚手架总长度的 1/300，且不大于 200 mm。

6)斜撑：斜撑设置在脚手架外侧转角处，与地面成 45°角倾斜。

斜撑底端埋入中土深度不小于 0.3 m,底脚距立杆纵距为 700 mm。脚手架纵向长度小于 15 m 或架高小于 10 m,可设置斜撑代替剪刀撑,从下而上连续设置,呈“之”字形。

7)顶撑:顶撑应并立在立杆边顶住小横杆,与立杆必须绑扎三道。

8)立杆:立杆应小头朝上,上下垂直。搭设到建筑物顶端时,里排立杆要求低于檐口 0.4~0.5 m;外排立杆要求高出檐口,其中平屋顶为 1~1.2 m,坡屋顶不小于 1.5 m。最后一根立杆应小头朝下,为使立杆顶端齐平,可将高出立杆向下错动。

9)连墙点:连墙点设置在立杆与横杆交点附近,呈梅花形交错布置,将脚手架连接在建筑物上,连接处既要承受拉力也要承受压力。两排连墙点的垂直距离为 2~3 步架高,但不大于 4 m,两排连墙点的水平距离不大于 4 倍立杆纵距。转角两侧立杆和预排架必须设置连墙点。混凝土结构墙、梁、柱部位,可预埋钢筋环或膨胀螺栓;混合结构承重砖墙部位可在墙内侧布置短竹杆,用 8 号镀锌铁丝双股穿过钢筋环或将短竹杆与内侧立杆绑牢,承受拉力。利用小横杆顶住墙面,承受压力。窗洞口处采用 2 根竹杆夹墙,将小横杆与夹墙杆绑扎,以承受拉力和压力。

10)剪刀撑:剪刀撑设置在脚手架外侧,是与地面成 45°~60°的交叉杆件,从下至上与脚手架其他杆件同步搭设。杆件的交叉点要互相绑扎,与立杆相交处绑扎点间距不得大于 4.5 m。脚手架端头、转角和中间每隔 10 m 净距设置一道剪刀撑,宽度为 4 倍立杆纵距。可以根据需要设置间断式剪刀撑或纵向连续式剪刀撑,剪刀撑的最大跨度不得超过 4 倍的立杆纵距。剪刀撑的斜杆底脚埋入土中深度不得小于 0.3 m。

11)抛撑:抛撑与地面成 45°~60°。脚手架搭设到 3 步架高,而墙面暂时无法设置连墙点,其架高低于 10 m 时,每隔 5~7 根立杆应设置抛撑一道。抛撑底脚埋入土中深度不得小于 0.5 m。

12)格栅:格栅应设在小横杆上,间距不大于 0.25 m。格栅绑扎在小横杆上,搭接处竹杆应头搭头,梢搭梢,搭接端应在小横杆上,伸出 200~300 mm。

13)护栏和挡脚板:脚手架搭设到三步架以上,操作层必须设防护栏和挡脚板，护栏高 1.2 m，挡脚板高不小于 0.18 m。也可以加设一道 0.2～0.4 m 高的低护栏代替挡脚板。

14)脚手板：横铺脚手板铺设在格栅上，直铺脚手板铺设在小横杆上。操作层脚手板必须铺满，每块脚手板用铁丝与格栅、小横杆绑牢。直铺脚手板搭接必须在小横杆上，脚手板端伸出小横杆长度为 100～150 mm，靠墙边的脚手板离开墙面 120～150 mm。

(4)斜道。

斜道用于人员上下和施工材料、施工工具的运输。斜道与脚手架应同步进行搭设。斜道的搭设和安全技术要求。

1)附设于脚手架外侧的斜道，可用脚手架的外立杆兼作斜道里排立柱，斜道内立柱应加密，纵距缩小。

2)斜道两侧及平台外侧应设剪刀撑。沿斜道纵向每隔 6～7 根立杆设一道抛撑，高度超过 7 m，可将抛撑附设于脚手架外侧，同时应适当加密脚手架的连墙点。

3)人行斜道坡度宜为 1∶3，宽度不小于 1 m；运料斜道坡度宜为 1∶6，宽度不小于 1.5 m。平台面积不小于 3 m^2。

4)斜道两侧及转角平台外围应设防护栏杆和挡脚板。

5)斜横杆间距 300 mm，靠边的斜横杆与立杆绑扎，中间的斜横杆与小横杆绑扎。

6)脚手架高 4 步以下，可搭设一字形斜道或中间设休息平台的上折形斜道；脚手架高 4 步以上，搭设之字形斜道，转弯处设休息平台。

7)斜道脚手板顺铺时，脚手板直接铺在小横杆上，小横杆绑扎在斜横杆上，间距不大于 1 m，脚手板接头处应设双根小横杆，搭接长度不小于 400 mm。斜道脚手板横铺或铺竹笆及木，钢筋网预制脚手板时，脚手板平铺在斜横杆上，斜横杆绑扎在小横杆上，斜横杆的水平距离应小于 200 mm。斜道脚手板上每隔 300 mm 设置一道防滑条。

(5)满堂脚手架。

1)设水平斜撑与横杆成 45°角，绑扎在立杆上。每道水平斜撑水平间距为 5 根立杆，垂直间距为三步架高。

2)横向水平杆绑扎在立杆上二，纵向水平杆每隔一步架绑扎一道。

3)操作层脚手板必须满铺，四边的脚手板与横杆绑牢。

4)满堂脚手架高度大于其短边长度 2 倍时,应与建筑物采取可靠的连接措施,如用连墙点以保证整架的稳定。

5)满堂脚手架搭设先立四角的立杆,再立四周的立杆,最后立中间的立杆,必须保证纵横向立杆距离相等。立杆底部应垫垫木,垫木规格应满足使用的要求。

6)满堂脚手架四角设抱角斜撑,四边每隔四排立杆沿纵向设一道剪刀撑。斜撑和剪刀撑均须由底到顶连续设置。剪刀撑宽度为 3 倍立杆纵距。

7)爬梯绑扎牢固,供人员上下、上料井口四边应设安全栏杆。

(6)上料平台架的搭设和安全技术要求。

1)上料平台架的四周垂直面应自下至上设置连续剪刀撑。每五步架高设一道,每度剪刀撑的顶部应设置水平剪刀撑。

2)上料平台架立杆布置方格,横向常用 4 根立杆,纵向根据所需长度确定立杆数,但不得少于 4 根。

3)上料平台架高不超过 10 m 时,顶部设一组缆风绳(4～6 根缆风绳),每增高 7 m 加设一组缆风绳。缆风绳宜选用直径不小于 10 mm 的钢丝绳。

4)沿平台架横向设置大横杆,纵向外侧立杆每步架设一水平拉杆,纵向里排立杆每两步架设一水平拉杆。

5)脚手板应满铺、铺稳,绑扎牢固。

6)上料平台架封顶时,立杆大头应朝上,四周立杆必须高出顶层脚手板 1.2～1.4 m,以绑扎防护栏杆和挡脚板。里排立杆应低于脚手板下表面,而上表面小横杆取齐。

怎样才能保障竹脚手架拆除的施工安全?

(1)脚手架拆除时,作业区及进出口处必须设置警戒标志,派专人指挥,严禁非作业人员进入。

(2)施工完毕由专业架子工拆除脚手架。

(3)脚手架拆除必须自上而下按顺序进行,先绑的后拆,后绑的先拆。拆除顺序:栏杆→脚手板→剪刀撑→斜撑→小横杆→大横杆→立杆等。严禁上下同时进行拆除作业，严禁采用推倒或拉倒的方法进行拆除。

(4)拆除的杆件应自上而下传递或利用滑轮和绳索运送，不得从架子上向下抛落。

(5)杆件拆除时注意事项。

1)整片脚手架拆除后的斜道、上料平台必须在脚手架拆除前进行加固，以保证其整体稳定和安全。

2)抛撑，先用临时支撑加固后，才允许拆除抛撑。

3)大横杆、剪刀撑、斜撑，先拆中间扣，托住中间再解开头扣。

4)剪刀撑、斜撑及连墙点只能在拆除层上拆除，不得一次全部拆掉。

5)立杆，先抱住立杆再解开最后两个扣。

6)特殊搭设的脚手架，应单独制定拆除方案，保证拆除工作安全进行。

怎样才能保障扣件式钢管脚手架搭设的施工安全？

(1)地基处理与底座安放。

1)根据脚手架的搭设高度、搭设场地土质情况，可按表6－1或根据计算要求进行地基处理。

表6－1　立杆地基基础构造

搭设高度 H(m)	地基土质		
	中、低压缩性且压缩性均匀	回填土	高压缩性或压缩性不均匀
≤24	夯实原土，立杆底座置于面积不小于 0.075 m^2 的垫块、垫木上	土夹石或灰土回填夯实，立杆底座置于面积不小于 0.10 m^2 的混凝土垫块或垫木上	夯实原土，铺设宽度不小于 200 mm 的通长槽钢或垫木

续上表

搭设高度 H(m)	地基土质		
	中、低压缩性且压缩性均匀	回填土	高压缩性或压缩性不均匀
25～35	垫块、垫木面积不小于 0.1 m^2，其余同上	砂夹石回填夯实，其余同上	夯实原土，铺厚度不小于 200 mm 砂垫层，其余同上
36～50	垫块、垫木面积不小于 0.15 m^2 或铺通专用槽钢或木板，其余同上	砂夹石回填夯实，垫块或垫木面积不小于 0.15 m^2 或铺通专用槽钢或木板	夯实原土，铺 150 mm 厚道渣夯实，再铺通长槽钢或垫木，其余同上

注：表中混凝土垫块厚度不小于 200 mm；垫木厚度不小于 50 mm。

当脚手架搭设在结构楼面、挑台上时，立杆底座下应铺设垫板或垫块，并对楼面或挑台等结构进行强度验算。

2)铺设垫板(块)和安放底座，并应注意以下事项。

①垫板必须铺放平稳，不得悬空；

②垫板、底座应准确地放在定位线上；

③双管立柱应采用双管底座或点焊于一根槽钢上。

3)按脚手架的柱距、排距要求进行放线、定位。

(2)在搭设脚手架前，单位工程负责人应按施工组织设计中有关脚手架的要求，逐级向架设和使用人员进行技术交底。

1)对钢管、扣件、脚手板等进行检查验收，不合格的构配件不得使用。

2)清除地面杂物，平整搭设场地，并使排水畅通。

(3)扣件式钢管脚手架的构造参数。

根据国内外的使用经验及经济合理性，单管立柱的扣件式脚手架搭设高度不宜超过 50 m。50 m 以上的高架有以下两种常用做法。

1)将脚手架的下部柱距减半,较大柱距的上部高度在 35 m 以下。

扣件式钢管脚手架构造参数,如表 6-2 所示。

表 6-2 扣件式钢管脚手架构造参数

用途	构造形式	水平运输条件	立杆间距(m)		操作层小横杆间距(m)	大横杆步距(m)	小横杆挑向墙面的悬臂长(m)
			横向	纵向			
砌筑	单排	不推车	1.2～1.5	≤2	≤1.0	1.2～1.4	0.45
	双排	推车	1.5	≤1.5	≤0.75	1.2～1.4	
装修	单排	不推车	1.2～1.5	≤2	≤1.0	1.5～1.8	0.40
	双排	推车	1.5	≤1.5	≤0.75	1.5～1.8	

注:最下一步的步距可放大 1.8m。

2)脚手架的下部采用双管立柱,上部采用单管立柱,单管部分高度在 35 m 以下。

(4)扣件式钢管脚手架的搭设和安全技术要求。

1)脚手架搭设顺序如下:放置纵向扫地杆→立柱→横向扫地杆→第一步纵向水平杆→第一步横向水平杆→连墙件(或加抛撑)→第二步纵向水平杆→第二步横向水平杆……

2)搭设立柱的注意事项。

①立柱上的对接扣件应交错布置,两个相邻立柱接头不应设在同步同跨内,两相邻立柱接头在高度方向错开的距离不应小于 500 mm;各接头中心距主节点的距离不应大于步距的 1/3。

②当搭至有连墙件的构造层时,搭设完该处的立柱、纵向水平杆、横向水平杆后,应立即设置连墙件。

③开始搭设立柱时,应每隔 6 跨设置一根抛撑,直至连墙件安装稳定后,方可根据情况拆除。

④外径 48 mm 与 51 mm 的钢管严禁混合使用。

⑤立柱搭接长度不应小于 1 m,立柱顶端高出建筑物檐口上皮

高度 1.5 m。

3)搭设纵、横向水平杆的注意事项。

①搭设纵向水平杆的注意事项：对接接头应交错布置，不应设在同步、同跨内，相邻接头水平距离不应小于 500 mm，并应避免设在纵向水平杆的跨中；搭接接头长度不应小于 1 m，并应等距设置 3 个旋转扣件固定，端部扣件盖板边缘至杆端的距离不应小于 100 mm；纵向水平杆的长度一般不宜小于 3 跨，并不小于 6 m。

②封闭型脚手架的同一步纵向水平杆必须四周交圈，用直角扣件与内、外角柱固定。

③双排脚手架的横向水平杆靠墙一端至墙装饰面的距离不应大于 100 mm。单排脚手架横向水平杆伸入墙内的长度不小于 180 mm。

④单排脚手架的横向水平杆不应设置在下列部位：设计上不允许留脚手眼的部位；砖过梁上与过梁成 60°的三角形范围内；宽度小于 1 m 的窗间墙；梁或梁垫下及两侧各 500 mm 的范围内。

⑤砖砌体的门窗洞口两侧 3/4 砖和转角处 $1\frac{3}{4}$砖的范围内；其他砌体的门窗洞口两侧 300 mm 转角处 600 mm 的范围内。

⑥独立或附墙的砖柱。

4)搭设连墙件、剪刀撑、横向支撑等注意事项。

①剪刀撑、横向支撑应随立柱、纵横向水平杆等同步搭设。每道剪刀撑跨越立柱的根数宜在 5～7 根之间。每道剪刀撑宽度不应小于 4 跨，且不小于 6，斜杆与地面的倾角宜在 45°～60°；24 m 以下的单双排脚手架，均必须在外侧立面的两端各设置一道剪刀撑，由底至顶连续设置；中间每道剪刀撑的净距不应大于 15 m。

②连墙件应均匀布置，形式宜优先采用花排，也可以并排，连墙件宜靠近主节点设置，偏离主节点的距离不应大于连墙件必须从底步第一根纵向水平杆处开始设置，当脚手架操作层高出连墙件二步时，应采取临时稳定措施，直到连墙件搭设完后方可拆除。

③一字形、开口形双排脚手架的两端均必须设置横向支撑，中间宜每隔 6 跨设置一道。横向支撑的斜杆应由底至顶层呈之字形连续布置；24 m 以下的闭型双排脚手架可不设横向支撑，24 m 以

上者除两端应设置横向支撑外，中间应每隔 6 跨设置一道。

5）扣件安装的注意事项。

①扣件螺栓拧紧扭力矩不应小于 40 N·m，并不大于 65 N·m。

②扣件规格（ϕ48 mm 或 ϕ51 mm）必须与钢管外径相同。

③主节点处，固定横向水平杆（或纵向水平杆）、剪刀撑、横向支撑等扣件的中心线距主节点的距离不应大于 150 mm。

④对接扣件的开口应朝上或朝内。

⑤各杆件端头伸出扣件盖板边缘的长度不应小于 100 mm。

6）铺设脚手板的注意事项。

①脚手板的探头应采用直径 3.2 mm（10 号）的镀锌铁丝固定在支承杆上。

②应铺满、铺稳，靠墙一侧离墙面距离不应大于 150mm。

③在拐角、斜道平台口处的脚手板，应与横向水平杆可靠连接，以防止滑动。

7）搭设栏杆、挡脚板的注意事项。

①上栏杆上皮高度 1.2 m，中栏杆居中设置。

②栏杆和挡脚板应搭设在外立柱的内侧。

③挡脚板高度不应小于 150 mm。

怎样才能保障扣件式钢管脚手架拆除的施工安全？

（1）拆除应符合以下要求。

1）所有连墙件应随脚手架逐层拆除，严禁先将连墙件整层或数层拆除后再拆脚手架；分段拆除高差不应大于 2 步，如高差大于 2 步，应增设连墙件加固。

2）拆除顺序应逐层由上而下进行，严禁上下同时作业。

3）当脚手架采取分段、分立面拆除时，对不拆除的脚手架两端，应先设置连墙件和横向支撑加固。

4）当脚手架拆至下部最后一根长钢管的高度（约 6.5 m）时，应先在适当位置搭临时抛撑加固，后拆连墙件。

（2）卸料应符合以下要求。

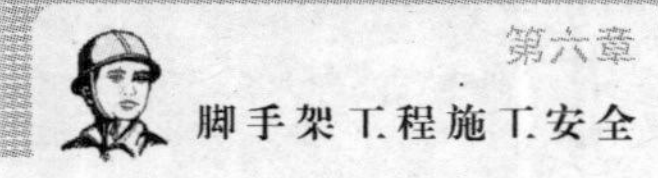

1)运至地面的构配件应按规定的要求及时检查整修与保养,并按品种、规格随时码堆存放,置于干燥通风处,防止锈蚀。

2)各构配件必须及时分段集中运至地面,严禁抛扔。

3)拆除脚手架时,地面应设围栏和警戒标志,并派专人看守,严禁非操作人员入内。

(3)拆除前必须完成以下准备工作。

1)清除脚手架上杂物及地面障碍物。

2)拆除安全技术措施,应由单位工程负责人逐级进行技术交底。

3)全面检查脚手架的扣件连接、连墙件、支撑体系是否符合安全要求。

4)根据检查结果,补充完善施工组织设计中的拆除顺序,经主管部门批准方可实施。

怎样才能保障门式钢管脚手架搭设施工的安全?

(1)门式钢管脚手架的最大搭设高度,可根据表 6-3 确定。

表 6-3　门式钢管脚手架搭设高度

施工荷载标准值(kN/m²)	搭设高度(m)
3.0～5.0	≤45
≤3.0	≤60

注:施工荷载系指一个架距内各施工层荷载的总和。

(2)基础处理:为保证地基具有足够的承载能力,立杆基础施工应满足构造要求和施工组织设计的要求;在脚手架基础上应弹出门架立杆位置线,垫板、底座安放位置要准确。

(3)对脚手架的搭设场地进行清理、平整,并做好排水。

(4)对门架配件、加固件进行检查验收,禁止使用不合格的构配件。

(5)门式脚手架搭设程序。

1)脚手架搭设的顺序。铺设垫木(板)→安入底座→自一端起立门架并随即装交叉支撑→安装水平架(或脚手板)→安装钢梯→

安装水平加固杆→安装连墙杆→照上述步骤，逐层向上安装→按规定位置安装剪刀撑→装配顶步栏杆。

2)脚手架的搭设，应自一端延伸向另一端，自下而上按步架设，并逐层改变搭设方向，减少误差积累。不可自两端相向搭设或相间进行，以避免结合处错位，难于连接。

3)脚手架的搭设必须配合施工进度，一次搭设高度不应超过最上层连墙件三步或自由高度小于 6 m，以保证脚手架稳定。

(6)架设门架及配件安装注意事项。

1)不同产品的门架与配件不得混合使用于同一脚手架。

2)水平架或脚手板应在同一步内连续设置，脚手板应满铺。

3)各部件的锁、搭钩必须处于锁住状态：

4)交叉支撑、水平架、脚手板、连接棒、锁臂的设置应符合构造规定。

5)交叉支撑、水平架及脚手板应紧随门架的安装及时设置。

6)钢梯的位置应符合组装布置图的要求，底层钢梯底部应加设 ϕ42 mm 钢管并用扣件扣紧在门架立杆上，钢梯跨的两侧均应设置扶手。每段钢梯可跨越两步或三步门架再行转折。

7)挡脚板(笆)应在脚手架施工层两侧设置，栏板(杆)应在脚手架施工层外侧高置，栏杆、挡脚板应在门架立杆的内侧设置。

(7)水平加固杆、剪刀撑的安装。

1)水平加固杆采用扣件与门架在立杆内侧连牢，剪刀撑应采用扣件与门架立杆外侧连牢。

2)水平加固杆、剪刀撑安装应符合构造要求，并与脚手架的搭设同步进行。

(8)连墙件的安装。

1)当脚手架操作层高出相邻连墙件以上两步时，应采用临时加强稳定措施，直到连墙件搭设完毕后可拆除。

2)连墙件的安装必须随脚手架搭设同步进行，严禁搭设完毕补作。

3)连墙件应连于上、下两榀门架的接头附近。

4)连墙件埋入墙身的部分必须牢固可靠，连墙件必须垂直于墙面，不允许向上倾斜。

5)当采用一支一拉的柔性连墙构造时，拉、支点间距应不大于400 mm。

(9)加固件、连墙件等与门架采用扣件连接时应满足下列要求。

1)扣件螺栓拧紧扭力矩值为 45～65 N·m，并不得小于40 N·m。

2)扣件规格应与所连钢管外径相匹配。

3)各杆件端头伸出扣件盖板边缘长度应不小于 100 mm。

(10)检查验收要求。

1)脚手架搭设完毕或分段搭设完毕时应对脚手架工程质量进行检查，经检查合格后方可交付使用。

2)高度在 20 m 及 20 m 以下的脚手架，由单位工程负责人组织技术安全人员进行检查验收；高度大于 20 m 的脚手架，由工程处技术负责人随工程进度分阶段组织单位工程负责人及有关的技术安全人员进行检查验收。

①脚手架工程的验收，除查验有关文件外，还应进行现场抽查。抽查应着重以下各项，并记入施工验收报告。安全措施的杆件是否齐全，扣件是否紧固、合格；安全网的张挂及扶手的设置是否齐全；基础是否平整坚实；连墙杆的设置有否遗漏，是否齐全并符合要求；垂直度及水平度是否合格。

②验收时应具备下列文件。必要的施工设计文件及组装图；脚手架部件的出厂合格证或质量分级合格标志；脚手架工程的施工记录及质量检查记录；脚手架搭设的重大问题及处理记录；脚手架工程的施工验收报告。

③脚手架搭设尺寸允许偏差。脚手架的垂直度：脚手架沿墙面纵向的垂直偏差应不大于 $H/400$(H 为脚手架高度)及 50 mm；脚手架的横向垂直偏差不大于 $H/600$ 及 50 mm；每步架的纵向与横向垂直度偏差应不大于 $h_0/600$(h_0 为门架高度)。

④脚手架的水平度。底步脚手架沿墙的纵向水平偏差应不大于 $L/600$(L 为脚手架的长度)。

怎样才能保障门式钢管脚手架拆除的安全?

(1)工程施工完毕,应经单位工程负责人检查验证确认不再需要脚手架时,方可拆除。拆除脚手架应制订方案,经工程负责人核准后,方可进行。拆除脚手架应符合下列要求。

1)拆除脚手架前,应清除脚手架上的材料、工具和杂物。

2)脚手架的拆除,应按后装先拆的原则,按下列程序进行。

①自顶层跨边开始拆卸交叉支撑,同步拆下顶层连墙杆与顶层门架。

②拆除扫地杆、底层门架及封口杆。

③继续向下同步拆除第二步门架与配件。脚手架的自由悬臂高度不得超过三步,否则应加设临时拉结。

④连续同步往下拆卸。对于连墙件、长水平杆、剪刀撑等,必须在脚手架拆卸到相关跨门架后,方可拆除。

⑤从跨边起先拆顶部扶手与栏杆柱,然后拆脚手板(或水平架)与扶梯段,再卸下水平加固杆和剪刀撑。

⑥拆除基座,运走垫板和垫块。

(2)拆除注意事项。

1)脚手架拆除时,拆下的门架及配件,均须加以检验。清除杆件及螺纹上的污物,进行必要的整形,变形严重者,应送回工厂修整。应按规定分级检查、维修或报废。拆下的门架及其他配件经检查、修整后应按品种、规格分类整理存放,妥善保管,防止锈蚀。

2)拆除脚手架时,地面应设围栏和警戒标志,并派专人看守,严禁一切非操作人员入内。

(3)脚手架的拆卸必须符合下列安全要求。

1)拆卸连接部件时,应先将锁座上的锁板与搭钩上的锁片转至开启位置,然后开始拆卸,不准硬拉,严禁敲击。

2)拆除工作中,严禁使用榔头等硬物击打、撬挖。拆下的连接棒应放入袋内,锁臂应先传递至地面并放入室内堆存。

3)工人必须站在临时设置的脚手板上进行拆除作业。

4)拆下的门架、钢管与配件,应或捆和机械吊运或井架传送至地面,防止碰撞,严禁抛掷。

怎样才能保障碗口式钢管脚手架搭设施工中检验、验收和使用管理符合要求?

(1)钢管应无裂缝、凹陷、锈蚀。

(2)立杆最大弯曲变形矢高不超过 $L/500$,横杆斜杆变形矢高不超过 $L/250$。

(3)脚手板、斜脚手板及梯子等构件,挂钩及面板应无裂纹,无明显变形,焊接牢固。

(4)可调构件,螺纹部分完好,无滑丝现象,无严重锈蚀,焊缝无脱开现象。

(5)碗扣式脚手架构件主要是焊接而成,故检验的关键是焊接质量,要求焊缝饱满,没有咬肉、夹渣、裂纹等缺陷。

(6)在下列阶段应对脚手架进行检查。

1)遇有 6 级及以上大风和大雨、大雪之后。

2)每搭设 10 m 高度。

3)停工超过 1 个月恢复使用前。

4)达到设计高度。

(7)检验主要内容。

1)立杆垫座与基础面是否接触良好,有无松动或脱离情况。

2)连墙撑、斜杆及安全网等构件的设置是否达到了设计要求。

3)检验全部节点的上碗扣是否锁紧。

4)荷载是否超过规定。

5)基础是否有不均匀沉陷。

(8)主要技术要求。

1)整架垂直度应小于 $L/500$,但最大不超过 100 mm。

2)不允许立杆有浮地松动现象。

3)横杆的水平度,即横杆两端的高度偏差应小于 $L/400$。

4)对于直线布置的脚手架,其纵向直线度应小于 $L/200$。

5)地基基础表面要坚实平整,垫板放置牢靠,排水通畅。

6)所有碗扣接头必须锁紧。

(9)使用管理。

1)在使用过程中,应定期对脚手架进行检查,严禁乱堆乱放,应及时清理各层堆积的杂物。

2)脚手架的施工和使用应设专人负责,并设安全监督检查人员,确保脚手架的搭设和使用符合设计和有关规定要求。

怎样才能保障碗扣式钢管脚手架搭设的安全?

(1)立杆基础施工应满足要求,清除组架范围内的杂物,平整场地,做好排水处理。

(2)脚手架搭设前,要先编制脚手架施工组织设计。明确使用荷载,确定脚手架平面、立面布置,列出构件用量表,制订构件供应和周转计划等。

(3)所有构件,必须经检验合格后方能投入使用。

(4)接头搭设。

1)如发现上碗扣扣不紧,或限位销不能进入上碗扣螺旋面,应检查立杆与横杆是否垂直,相邻的两个碗扣是否在同一水平面上(即横杆水平度是否符合要求);下碗扣与立杆的同轴度是否符合要求;下碗扣的水平面同立杆轴线的垂直度是否符合要求;横杆接头与横杆是否变形;横杆接头的弧面中心线同横杆轴线是否垂直;下碗扣内有无砂浆等杂物充填等;如是装配原因,则因调整后锁紧;如是杆件本身原因,则应拆除,并送去整修。

2)接头是立杆同横杆、斜杆的连接装置,应确保接头锁紧。搭设时,先将上碗扣搁置在限位销上,将横杆、斜杆等接头插入下碗扣,使接头弧面与立杆密贴,待全部接头插入后,将上碗扣套下,并用榔头顺时针沿切线敲击上碗扣凸头,直至上碗扣被限位销卡紧不再转动为止。

(5)杆件搭设顺序。

1)脚手架搭设以 3~4 人为一小组为宜,其中 1~2 人递料,另

外两人共同配合搭设，每人负责一端。搭设时，要求至多二层向同一方向，或中间向两边推进，不得从两边向中间合拢搭设，否则中间杆件会因两侧架子刚度太大而难以安装。

2)在已处理好的地基或基垫上按设计位置安放立杆垫座或可调座，其上交错安装 3.0 m 和 1.8 m 长立杆，调整立杆可调座，使同一层立杆接头处于同一水平面内，以便装横杆。搭设顺序是：立杆底座→立杆→横杆→斜杆→接头锁紧→脚手板→上层立杆→立杆连接销→横杆。

(6)搭设注意事项。

1)在搭设过程中，应注意调整整架的垂直度，一般通过调整连墙撑的长度来实现，要求整架垂直度小于 1/500L，但最大允许偏差为 100 mm。

2)所有构件都应按设计及脚手架有关规定设置。

3)在搭设、拆除或改变作业程序时，禁止人员进入危险区域。

4)脚手架应随建筑物升高而随时设置，一般不应超出建筑物二步架。

5)连墙撑应随着脚手架的搭设而随时在设计位置设置，并尽量与脚手架和建筑物外表面垂直。

6)单排横杆插入墙体后，应将夹板用榔头击紧，不得浮放。

怎样才能保障碗扣式钢管脚手架拆除的安全？

(1)拆除顺序自上而下逐层拆除，不容许上、下两层同时拆除。

(2)当脚手架使用完成后，制订拆除方案。拆除前应对脚手架作一次全面检查，清除所有多余物件，并设立拆除区，禁止无关人员进入。

(3)拆除的构件应用吊具吊下，或人工递下，严禁抛掷。

(4)连墙撑只能在拆到该层时才许拆除，严禁在拆架前先拆连墙撑。

(5)拆除的构件应及时分类堆放，以便运输、保管。

第七章

钢筋混凝土工程施工安全

怎样才能保障钢筋运输和堆放的安全？

(1)钢筋在运输和储存时，必须保留标牌，并按批分别堆放整齐，避免锈蚀和污染。

(2)起吊钢筋或钢筋骨架时，下方禁止站人，待钢筋骨架降落至离楼地面或安装标高 1 m 以内人员方准靠近操作，待就位放稳或支撑好后，方可摘钩。

(3)机械垂直吊运钢筋时，应捆扎牢固，吊点应设置在钢筋束的两端。有困难时，才在该束钢筋的重心处设吊点，钢筋要平稳上升，不得超重起吊。

(4)人工垂直传递钢筋时，送料人应站立在牢固平整的地面或临时构筑物上，接料人应有护身栏杆或防止前倾的牢固物体，必要时挂好安全带。

(5)临时堆放钢筋，不得过分集中，应考虑模板或桥道的承载能力。在新浇筑楼板混凝土凝固尚未达到 1.2 MPa 强度前，严禁堆放钢筋。

(6)人工搬运钢筋时，步伐要一致。当上下坡(桥)或转弯时，要前后呼应，步伐稳慢。注意钢筋头尾摆动，防止碰撞物体或打击人身，特别防止碰挂周围和上下的电线。上肩或卸料时要互相打招呼，注意安全。

(7)注意钢筋切勿碰触电源，严禁钢筋靠近高压线路，钢筋与电源线路的安全距离应符合表 7－1、表 7－2 的要求。

表 7—1　在建筑工程(含脚手架具)的外侧边缘与外电架空线路的边线之间的最小安全操作距离

外电线路电压(kV)	<1	1～10	35～110	154～220	330～500
最小安全操作距离(m)	4	6	8	10	15

注:上、下脚手架的斜道严禁搭设在有外电线路的一侧。

表 7—2　施工现场的机动车道与外电架空线路交叉时的最小垂直距离

外电线路电压(kV)	<1	1～10	35
最小垂直距离(m)	6	7	7

怎样才能保障钢筋制作中钢筋冷处理的安全?

(1)冷拉和张拉钢筋要严格按照规定应力和伸长度进行,不得随意变更。不论拉伸或放松钢筋都应缓慢均匀,发现油泵、千斤顶、锚卡具有异常,应即停止张拉。

(2)张拉钢筋,两端应设置防护挡板。钢筋张拉后要加以防护,禁止压重物或在上面行走。浇灌混凝土时,要防止震动器冲击预应力钢筋。

(3)冷拉钢筋要上好夹具,离开后再发开机信号。发现滑动或其他问题时,要先行停机,放松钢筋后,才能重新进行操作。

(4)同一构件有预应力和非预应力钢筋时,预应力钢筋应分两次张拉,第一次拉至控制应力的70%～80%,待非预应力钢筋绑好后再拉到规定应力值。

(5)采用电热张拉时,电气线路必须由持证电工安装,导线连接点应包裹,不得外露。张拉时,电压不得超过规定值。

(6)千斤顶支脚必须与构件对准,放置平正,测量拉伸长度、加楔和拧紧螺栓应先停止拉伸,并站在两侧操作,防止钢筋断裂,回弹伤人。

(7)冷拉卷扬机前应设置防护挡板,没有挡板时,应将卷扬机与冷拉方向成90°,并且应用封闭式导向滑轮。操作时要站在防护挡板后，冷拉场地不准站人和通行。

(8)电热张拉达到张拉应力值时，应先断电，然后锚固，如带电操作应穿绝缘鞋和戴绝缘手套。钢筋在冷却过程中，两端禁止站人。

怎样才能保障钢筋制作中钢筋焊接的安全?

(1)焊机应放在室内和干燥的地方，机身要平稳牢固，周围不准放置易燃物品。

(2)对焊机断路器的接触点、电极(钢头)，要定期检查修理。断路器的接触点一般每隔 2～3 d应用砂纸擦净，电极(钢头)应定期用锉锉光。二次电路的全部螺栓应定期拧紧，以避免发生过热现象。随时注意冷却水的温度不得超过 40 ℃。

(3)操作人员操作时，应戴防护眼镜和手套等防护用品，并应站在橡胶板或木板上，严禁坐在金属椅子上。

(4)刚焊成的钢材，应平直放置，以免冷却过程中变形。堆放地点不得在易燃物品附近，并要选择无人来往的地方或加设护栏。

(5)焊接前，应根据钢筋截面调整电压，使与所焊钢筋截面相适应，禁止焊接超过机械规定的直径的钢筋。发现焊头漏电，应即更换，禁止使用。

(6)焊接较长钢筋时，应设支架。

(7)焊机在工作前必须对电气设备、操作机构和冷却系统等进行检查，并用试电笔检查机体外壳有无漏电。

(8)工作棚应用防火材料搭设。棚内严禁堆放易燃、易爆物品，并备有灭火器材。

怎样才能保障钢筋制作中钢筋加工的安全?

(1)钢筋除锈时，应符合下列要求。

1)操作人员应戴防尘口罩、护目镜和手套。

2)严禁触摸正在旋转的钢丝刷和将喷砂嘴对人。

3)现场应通风良好。

4)操作人员应站在钢丝刷或喷砂器的侧面。

5)除锈应在钢筋调直后进行;带钩的钢筋不得由除锈机除锈。

6)使用电动除锈时,应先检查钢丝刷固定有无松动,检查封闭式防护罩装置、吸尘设备和电气设备的绝缘及接地是否良好等情况,防止发生机械和触电事故。

(2)展开盘圆钢筋时,要两端卡牢,切断时要先用脚踩紧,防止回弹伤人。

(3)切短于 30 cm 的钢筋,应用钳子夹牢,铁钳手柄不得短于 50 cm,禁止用手把扶,并在外侧设置防护箱笼罩。

(4)送料时,操作人员要侧身操作,严禁在除锈机的正前方站人;长料除锈要两人操作,互相呼应,紧密配合。

(5)钢材、半成品等应按规潞、品种分别堆放整齐,制作场地要平整。工作平台要稳固,照明灯具必须加网罩。

(6)人工调直钢筋前,应检查所有的工具;工作台要牢固,铁砧要平稳,铁锤的木柄要坚实牢固,铁锤不许有破头、缺口,因打击而起花的锤头要及时换掉。

(7)弯曲钢筋时,要紧握扳手,要站稳脚步,身体保持平衡,防止钢筋折断或松脱。

(8)人工断料,工具必须牢固。打锤和掌断料切具的操作人员要站成斜角,注意抡锤区域内的人和物体。

(9)拉直钢筋,卡头要卡牢,地锚要结实牢固,拉筋沿线 2 m 区域内禁止行人。人工绞磨拉直,不准用胸、肚接触推杠,并要步调一致,稳步进行,缓慢松解,不得一次松开以免回弹伤人。

怎样才能保障钢筋绑扎和安装的安全?

(1)绑扎立柱、墙体钢筋,不得站在钢筋骨架上操作和攀登骨架上下。柱筋在 4 m 以内,重量不大,可在地面或楼面上绑扎,整体竖起;柱筋在 4 m 以上时,应搭设工作台。柱、墙、梁骨架,应用临时支撑拉牢,以防倾倒。

(2)绑扎高层建筑的圈梁、挑檐、外墙、边柱钢筋,应搭设外脚手架或安全网，绑扎时要佩挂好安全带。

(3)应尽量避免在高处修整、扳弯粗钢筋，在必须操作时，要配挂好安全带，选好位置，人要站稳。

(4)高处绑扎和安装钢筋，注意不要将钢筋集中堆放在模板或脚手架上，特别是悬臂构件，应检查支撑是否牢固。

(5)在高处、深坑绑扎钢筋和安装骨架，必须搭设脚手架和马道，无操作平台应配挂好安全带。

(6)绑扎基础钢筋时，应按施工设计规定摆放钢筋支架或马凳架起上部钢筋，不得任意减少支架或马凳。操作前应检查基坑土壁和支撑是否牢固。

(7)安装绑扎钢筋时，钢筋不得碰撞电线，在深基础或夜间施工需使用移动式行灯照明时，行灯电压不应超过 36 V。

怎样才能保障预应力钢筋工程施工中使用高压油泵的安全？

(1)油泵应置于构件侧面。

(2)操作工必须服从作业组长指挥，严禁擅离岗位。

(3)油泵与千斤顶或拉伸机之间的所有连接部件必须完好。且连接牢固，压力表接头应用纱布包裹。

(4)操作工应经安全技术培训，考核合格后方可上岗。

(5)高压油泵不得超载作业。停止作业时应先切断电源，再缓慢松开回油阀，待压力表退至零位时方可卸开通往千斤顶的油管接头，使千斤顶全部卸荷。

(6)操作工必须戴防护镜和手套。

怎样才能保障预应力钢筋工程施工中高处张拉作业必须搭设作业平台的安全？

(1)使用之前应经检查、验收，确认合格并形成文件。使用中应随时检查，确认安全。

(2)作业平台的脚手板必须铺满、铺稳。

(3)上下作业平台必须设安全梯、斜道等攀登设施。

(4)作业平台临边必须设防护栏杆。

(5)搭设与拆除脚手架应符合脚手架施工安全技术的具体要求。

怎样才能保障预应力钢筋工程施工中使用起重机吊装预应力筋等的安全？

(1)构件吊装就位，必须待构件稳固后，作业人员方可离开现场。

(2)现场及其附近有电力架空线路时应设专人监护。

(3)作业场地应平整、坚实。地面承载力不能满足起重机作业要求时，必须对地基进行加固处理，并经验收确认合格。

(4)吊装时，吊臂、吊钩运行范围，严禁人员入内。

(5)吊装中遇地基沉陷、机体倾斜、吊具损坏或吊装困难等，必须立即停止作业，待处理并确认安全后方可继续作业。

(6)吊装中严禁超载。

(7)吊装作业必须设信号工指挥。指挥人员必须检查吊索具、环境等状况，确认安全。

(8)现场配合吊梁的全体作业人员应站位于安全地方，待吊钩和梁体离就位点距离 50 cm 时方可靠近作业，严禁位于起重机臂下。

(9)吊梁作业前应划定作业区，设护栏和安全标志，严禁非作业人员入内。

(10)作业前施工技术人员应了解现场环境、电力和通讯等架空线路、附近建(构)筑物和被吊梁等状况，选择适宜的起重机，并确定对吊装影响范围的架空线、建(构)筑物采取的挪移或保护措施。

(11)吊装时应先试吊，确认正常后方可正式吊装。

(12)大雨、大雪、大雾、沙尘暴和风力 6 级以上(含 6 级)等恶劣天气，不得进行露天吊装。

怎样才能保障先张法预应力钢筋工程施工的安全?

(1)张拉阶段和放张前,非施工人员严禁进入防护挡板之间。

(2)预应力钢筋就位后,严禁使用电弧焊在钢筋上和模板等部位进行切割或焊接,防止短路火花灼伤预应力筋。

(3)高压油泵必须放在张拉台座的侧面。

(4)施工前,应根据全部张拉力对张拉台座进行施工设计,其强度、稳定性应满足张拉施工过程中的张拉要求。张拉横梁承力后的挠度不得大于 2 mm;墩式承力结构的抗倾覆安全系数应大于 1.5,抗滑移安全系数应大于 1.3。

(5)张拉作业应符合下列要求。

1)钢筋张拉后应持荷 3～5 min,确认安全后方可打紧。

2)张拉过程中活动横梁与固定横梁应始终保持平行。

3)张拉前应检查台座、横梁和张拉设备,确认正常。

4)打紧锚具夹片人员必须位于横梁上或侧面,对准夹片中心击打。

(6)作业中不得碰撞预应力钢筋。

(7)混凝土浇筑完成后,应立即按技术规定养护。

(8)钢筋张拉完毕,确认合格并形成文件后,应连续作业,及时浇筑混凝土。

(9)安装模板、绑扎钢筋等作业,应在预应力筋的应力为控制应力的 80%～90%时进行。

(10)预应力筋放张应符合下列要求。

1)预应力筋应慢速放张,且均匀一致。

2)混凝土强度应符合设计规定;当设计无规定时,不得低于混凝土设计强度的 75%。

3)预应力筋放张后,应从放张端开始向另端方向进行切割。

4)预应力筋的放张顺序应符合设计规定;设计无规定时,应分阶段、对称、交错进行。放张前应拆除限制位移的模板。

5)拆除锚具夹片时,应对准夹片轻轻敲击,对称进行。

怎样才能保障后张法预应力钢筋工程施工的安全?

(1)往预应力孔道穿钢束应均匀、慢速牵引,遇异常应停止,经检查处理确认合格后,方可继续牵引。严禁使用机动翻斗车,推土机等牵引钢束。

(2)预应力筋的张拉顺序应符合设计规定;设计无规定时,应根据分批、分阶段、对称的原则在施工组织设计中予以规定。

(3)张拉阶段,严禁非作业人员进入防护挡板与构件之间。

(4)张拉前应根据设计要求实测孔道摩阻力,确定张拉控制应力和伸长值。

(5)张拉时构件混凝土强度应符合设计规定;设计无规定时,应不低于设计强度的 75%。张拉前应将限制位移的模板拆除。

(6)张拉作业应符合下列要求。

1)人工打紧锚具夹片时,应对准夹片均匀敲击,对称进行。

2)张拉完毕锚固后应静观 3 min,待确认正常后,方可卸张拉设备。

3)张拉时,不得用手摸或脚踩被张拉钢筋,张拉和锚固端严禁有人。

4)张拉前应检查张拉设备、锚具,确认合格。

5)在张拉端测量钢筋伸长和进行锚固作业时,必须先停止张拉,且站位于被张拉钢筋的侧面。

(7)孔道灌浆应符合下列要求。

1)灌浆嘴插入灌浆孔后,灌浆嘴胶垫应压紧在孔口上。

2)严禁超压灌浆。

3)灌浆前应依控制压力调整安全阀。

4)输浆管道与灰浆泵应连接牢固,启动前应检查,确认合格。

5)负责灌浆嘴的操作工必须佩戴防护镜和手套、穿胶靴。

6)堵浆孔的操作工严禁站在浆孔迎面。

(8)预应力张拉后,孔道应及时灌浆;长期外露的金属锚具应采取防腐蚀措施。

怎样才能保障电热张拉法预应力钢筋工程施工的安全？

(1)电热设备应采用安全电压，一次电压应小于 380 V，二次电压应小于 65 V。

(2)作业现场应设护栏，非作业人员严禁入内。

(3)电气缆线的装拆必须由电工进行，并应符合相关的规定。

(4)作业时必须设专人控制二次电源，并服从作业组长指挥，严禁擅离岗位。

(5)用电热张拉法时，预应力钢材的电热温度不得超过 350℃，反复电热次数不宜超过 3 次。

(6)电热张拉预应力筋的顺序应符合设计规定；设计无规定时，应分组、对称张拉。

(7)锚固后，构件端必须设防护设施，且严禁有人。

(8)使用锚具应符合设计规定；设计无规定，至少一端应为螺丝端杆锚。采用硫黄砂浆后张时，两端均应采用螺丝端杆锚。

(9)作业人员必须穿绝缘胶鞋，戴绝缘手套。

(10)抗裂度要求较严的构件，不宜采用电热张拉法，用金属管和波纹管作预留孔道的构件，不得采用电热张拉法。

(11)张拉结束后应及时拆除电气设备。

怎样才能保障无黏结预应力钢筋工程施工的安全？

(1)张拉过程中，发生滑脱或断裂的钢丝数量不得超过同一截面内无黏结预应力筋总量的 2%。

(2)吊运、存放、安装等作业中严禁损坏预应力筋的外包层。

(3)无黏结预应力筋的锚固区，必须有可靠的密封防护措施。

(4)预应力筋外包层应完好无损，使用前应逐根检查，确认合格。

怎样才能保障现浇混凝土工程施工中混凝土搅拌的安全?

(1)现场搅拌必须遵守如下安全要求。

1)清理搅拌机料斗坑底的砂、石时,必须与司机联系,将料斗升起并用链条扣牢后,方能进行工作。

2)向搅拌机料斗落料时,脚不得踩在料斗上;料斗升起时,料斗的下方不得有人。

3)搅拌机使用应按相关要求操作。

4)搅拌机的操作人员,应经过专门技术和安全规定的培训,并经考试合格后,方能正式操作。

5)进料时,严禁将头、手伸入料斗与机架之间察看或探摸进料情况,运转中不得用手、工具或物体伸进搅拌机滚筒(拌和鼓)内抓料出料。

(2)混凝土拌和楼必须遵守如下安全要求。

1)未经主管部门同意,不得任意改变电气线路及元件。检查故障时允许装接辅助连线,但故障排除后必须立即拆除。

2)电气作业人员属特种作业人员,须经安全技术培训、考核合格并取得操作证后,方可独立作业;应熟悉电气原理和设备、线路及混凝土生产基本知识,懂得高处作业的安全常识。作业时每班不得少于2人。

3)禁止用明火取暖。必要时可用蒸汽集中供热、保温。

4)操作人员必须穿戴工作服和防护用品,女工应将发辫塞入帽内。

5)消防设施必须齐全、良好,符合消防规定要求。操作人员均应掌握一般消防知识和会使用这些设施。

6)操作人员应熟悉本拌和楼的机械原理和混凝土生产基本知识,懂得电气、高处、起重等作业的一般安全常识。

7)严禁酒后及精神不正常的人员登楼操作。非操作人员未经许可不准上楼。

8)电气设备的金属外壳,必须有可靠接地,其接地电阻应不大于4 Ω。雷雨季节前应加强检查。

9)电气设备的带电部分,当断开电源及电子秤后,对地绝缘电阻应不小于0.5 MΩ。

10)各电动机必须兼有过热和短路两种保护装置。

11)拌和楼内禁止存放汽油、酒精等易燃物品和易爆物品,必须使用时应采取可靠的安全措施,用后立即收回。其他润滑油脂也应存放在指定地点。废油、棉纱应集中存放,定期处理,不准乱扔、乱泼。

12)当发生触电事故时。应立即断开有关电源,并进行急救。

13)拌和楼的操作人员,必须经过专门技术培训,熟悉本拌和楼要求,具有相当熟练的操作技能,并经考试合格后,方可正式上岗操作。

14)拌和楼上的通风、除尘设备应配备齐全,效果良好。大气中水泥粉尘、骨料粉尘质量浓度应符合工业三废排放标准规定,不超过 150 mg/m^3。

怎样才能保障现浇混凝土工程施工中原材料运输和堆放的安全?

(1)运输通道要平整,走桥要钉牢,不得有未钉稳的空头板,并保持清洁,及时清除落料和杂物。

(2)临时堆放备用水泥,不应堆叠过高,如堆放在平台上时,应不超过平台的容许承载能力。叠垛要整齐平稳。

(3)用手推车运输水泥、砂、石子,不应高出车斗,行驶不应抢先爬头。

(4)上落斜坡时,坡度不应太陡,坡面应采取防滑措施,在必要时坡面设专人负责帮助拉车。

(5)取袋装水泥时必须逐层顺序拿取。

(6)车子向搅拌机料斗卸料时,不得用力过猛和撒把,防车翻转,料斗边沿应高出落料平台 10 cm 左右为宜,过低的要加设车挡。

怎样才能保障现浇混凝土工程施工中混凝土输送的安全?

(1)禁止手推车推到挑檐、阳台上直接卸料。

(2)用输送泵输送混凝土,管道接头、安全阀必须完好,管道的架子必须牢固且能承受输送过程中所产生的水平推力；输送前必须试送，检修时必须卸压。

(3)使用吊罐(斗)浇筑混凝土时，应设专人指挥。要经常检查吊罐(斗)、钢丝绳和卡具，发现隐患应及时处理。

(4)用铁桶向上传递混凝土时，人员应站在安全牢固且传递方便的位置上；铁桶交接时，精神要集中，双方配合好，传要准，接要稳。

(5)两部手推车碰头时，空车应预先放慢停靠一侧让重车通过。车子向料斗卸料，应有挡车措施，不得用力过猛和撒把。

(6)使用钢井架物料提升机运输时，手推车推进吊笼时车把不得伸出吊笼外，车轮前后要挡牢，稳起稳落。

(7)临时架设混凝土运输用的桥道的宽度，应能容两部手推车来往通过并有余地为准，一般不小于 1.5 m。架设要牢固，桥板接头要平顺。

(8)禁止在混凝土初凝后、终凝前在其上面行走手推车(此时也不宜铺设桥道行走)，以防震动影响混凝土质量。当混凝土强度达到 1.2 MPa 以后，才允许上料具等。运输通道上应铺设桥道，料具要分散放置，不得过于集中。

混凝土强度达到 1.2 MPa 的时间可通过试验决定，也可参照表 7—3。

表 7—3　混凝土达到 1.2 MPa 强度所需龄期参考表

外界温度(℃)	水泥品种及强度等级	混凝土强度等级	期限(h)
1～5	普硅 42.5 级	C15	48
		C20	44
	矿渣 32.5 级	C15	60
		C20	50
1～5	普硅 42.5 级	C15	32
		C20	28
	矿渣 32.5 级	C15	40
		C20	32
10～15	普硅 42.5 级	C15	24
		C20	20
	矿渣 32.5 级	C15	32
		C20	24

续上表

外界温度(℃)	水泥品种及强度等级	混凝土强度等级	期限(h)
15 以上	普硅 42.5 级	C15	20 以下
		C20	20 以下
	矿渣 32.5 级	C15	20
		C20	20

怎样才能保障现浇混凝土工程施工中混凝土浇筑与振捣的安全？

(1)浇筑混凝土使用的溜槽及串筒节间应连接牢固。操作部位应有护身栏杆，不准直接站在溜槽帮上操作。

(2)夜间浇筑混凝土时，应有足够的照明设备。

(3)浇筑房屋边沿的梁、柱混凝土时，外部应有脚手架或安全网。如脚手架平桥离开建筑物超过 20 cm 时，需将空隙部位牢固遮盖或装设安全网。

(4)浇筑无楼板的框架梁、柱混凝土时，应架设临时脚手架，禁止站在梁或柱的模板或临时支撑上操作。

(5)浇筑拱形结构时，应自两边拱脚对称地同时进行；浇圈梁、雨篷、阳台，应设防护措施；浇筑料仓时，下出料口应先行封闭，并搭设临时脚手架，以防人员下坠。

(6)浇筑深基础混凝土前和在施工过程中，应检查基坑，边坡土质有无崩裂倾塌的危险。如发现危险现象，应及时排除。同时，工具、材料不应堆置在基坑边沿。

(7)使用振捣器时，应符合安全技术的具体要求。湿手不得接触开关，电源线不得有破损和漏电。开关箱内应装设防溅的漏电保护器，漏电保护器其额定漏电动作电流应不大于 30 mA，额定漏电动作时间应小于 0.1 s。

怎样才能保障现浇混凝土工程施工中混凝土养护的安全?

(1)覆盖养护混凝土时,楼板如有孔洞,应钉板封盖或设置防护栏杆或安全网。

(2)已浇完的混凝土,应加以覆盖和浇水,使混凝土在规定的养护期内,始终能保持足够的湿润状态。

(3)禁止在混凝土养护窑(池)边沿上站立或行走,同时应将窑盖板和地沟孔洞盖牢和盖严,严防失足坠落。

(4)拉移胶水管浇水养护混凝土时,不得倒退走路,注意梯口、洞口和建筑物的边沿处,以防误踏失足坠落。

怎样才能保障先张法预应力混凝土施工的安全?

(1)张拉时,张拉工具与预应力筋应在一条直线上;顶紧锚塞时,用力不要过猛,以防钢丝折断;拧紧螺母时,应注意压力表读数,一定要保持所需的张拉力。

(2)预应力筋放张的顺序应按下列要求进行。

1)轴心受预压的构件(如拉杆、桩等),所有预应力筋应同时放张。

2)偏心受预压的构件(如梁等),应先同时放张预压力较小区域的预应力筋,然后放张预压力较大区域的预应力筋。

(3)切断钢丝时应严格测定钢丝向混凝土内的回缩情况,且应先从靠近生产线中间处切断,然后再按剩下段的中点处逐次切断。

(4)台座两端应设有防护设施,并在张拉预应力筋时,沿台座长度方向每隔 4～5 m 设置一个防护架,两端严禁站人,更不准进入台座。

(5)预应力筋放松时,混凝土强度必须符合设计要求,如无设计规定时,则不得低于强度等级的 70%。

(6)预应力筋放张时，应分阶段、对称、交错地进行；对配筋多的钢筋混凝土构件，所有的钢丝应同时放松，严禁采用逐根放松的方法。

(7)放张时，应拆除侧模，保证放松时构件能自由伸缩。

(8)预应力筋的放张工作，应缓慢进行，防止冲击。若用乙炔或电弧切割时，应采取隔热措施，严防烧伤构件端部混凝土。

(9)电弧切割时酶地线应搭在切割点附近，严禁搭在另一头，以防过电后使预应力筋伸张造成应力损失。

(10)钢丝的回缩值，冷拔低碳钢丝不应大于 0.6 mm，碳素钢丝不应大于 1.2 mm，测试数据不得超过上列数值规定的 20%。

怎样才能保障后张法（无黏结预应力）混凝土施工的安全？

(1)孔道直径。

1)粗钢筋，其孔道直径应比预应力筋直径、钢筋对焊接头处外径、需穿过孔道的锚具或连接器外径大 10～15 mm，如表 7—4 所示。

表 7—4　ϕ^s5 碳素钢丝束孔道直径

钢丝束根数	12	14	16	18	20	24	28
钢质锥形锚具	GZ12	—	—	GZ18	—	GZ24	—
孔道直径(mm)	40	—		45	—	53	—
镦头锚具型号	DM5—12～14		DM5—16～18		DM5—20～24		DM5—28
中间孔道直径(mm)	40		45		50		55
端部扩孔直径(mm)	60		68		76		83
锥形螺杆锚具	—	LZ5—14	LZ5—16	—	LZ5—20	LZ5—24	LZ5—28
中间孔道直径(mm)	—	50	53	—	56	63	70
端部扩孔直径(mm)	—	65	70	—	75	83	89

2)钢丝或钢绞线:其孔道应比预应力束外径大5～10 mm,其孔道面积应大于预应筋面积的2倍,如表7－5所示。

表7－5　ϕʲ 钢绞线束孔道直径表

钢绞线束根数	4	5	6	7	8	9	12
JM型锚具型号	JM 15－4	—	JM 15－6	—	—	—	—
孔道直径	50	—	65	—	—	—	—
XM型锚具型号	XM 15－4	XM 15－5	XM 15－6	XM 15－7	XM 15－8	XM 15－9	XM 15－10
中间孔道直径(mm)	50	55	65	65	70	75	85
端部扩孔直径(mm)	75	85	95	95	110	120	135
端部扩孔长度(mm)	240	320	340	340	390	500	500

3)预应力筋孔道之间的净距不应小于25 mm;孔道至构件边缘的净距不应小于25 mm,且不应小于孔道直径的一半;凡需起拱的构件,预留孔道宜随构件同时起拱。

(2)采用分批张拉时,先批张拉的预应力筋,其张拉力 σ_{con} 应增加 $\alpha_E\sigma_{hp}$(α_E 为预应力筋和混凝土的弹性模量比值。σ_{hp} 为张拉后批预应力筋时,在其重心处预应力对混凝土索产生的法向应力)。或者每批采用同一张拉值,然后逐根复拉补足。

(3)曲线预应力筋和长度大于24 m的直线预应力筋,应在两端张拉,长度等于或小于24 m的直线预应力筋,可在一端张拉,但张拉端宜分别设置在构件的两端。

(4)在构件两端及跨中应设置灌注浆孔,其孔距不应大于12 m。

(5)平卧重叠构件的张拉,应根据不同的预应力筋与不同隔离剂的平卧重叠构件逐层增加其张拉力的百分率,如表7－6所示。对于大型或重要工程应在正式张拉前至少必须实测二堆屋架的各层压缩值,然后计算出各层应增加的张拉力百分率。

表 7—6　平卧叠层浇筑构件逐层增加的张拉力百分率

预应力筋类别	隔离剂类别	逐层增加的张拉力百分率(%)			
		顶　层	第二层	第三层	底　层
高强钢丝束	Ⅰ	0	1.0	2.0	3.0
	Ⅱ	0	1.5	3.0	4.0
	Ⅲ	0	2.0	3.5	5.0
Ⅱ级冷拉钢筋	Ⅰ	0	2.0	4.0	6.0
	Ⅱ	1.0	3.0	6.0	9.0
	Ⅲ	2.0	4.0	7.0	10.0

注:第一类隔离剂:塑料薄膜、油纸。

第二类隔离剂:废机油、滑石粉、纸筋灰、石灰水废机油、柴油石膏。

第三类隔离剂:废机油、石灰水、石灰水滑石灰。

(6)操作千斤顶和测量伸长值的人员,要严格遵守操作规程,应站在千斤顶侧面操作。油泵开运过程中,不得擅自离开岗位,如需离开,必须把油阀门全部松开或切断电路。

(7)在进行预应力张拉时,任何人员不得站在预应力筋的两端,同时在千斤顶的后面应设立防护装置。

(8)张拉时应认真做到孔道、锚环与千斤顶三对中,以便保证张拉工作顺利进行。

(9)预应力筋张拉时,构件的混凝土强度应符合设计要求,如无设计要求时,不应低于设计强度等级的70%。主缝处混凝土或砂浆强度如无设计要求时,不应低于15 MPa。

(10)钢丝、钢绞线、热处理钢筋及冷拉RRB 400级钢筋,严禁采用电弧切割。

(11)预应力筋张拉完后,为减少应力松弛损失应立即进行灌浆。

(12)采用锥锚式千斤顶张拉钢丝束时,应先使千斤顶张拉缸进油,至压力表略有启动时暂停,检查每根钢丝的松紧进行调整,然后再打紧楔块。

怎样才能保障预制构件装运、堆放和吊装的基本安全？

(1)建筑物外围必须设置安全网或防护栏杆，操作人应避开物件吊运路线和物件悬空时的垂直下方，并不得用手抓住运行中的起重绳索和滑车。

(2)操作人员必须戴安全帽，高处作业应配挂安全带或设安全护栏。工作前严禁饮酒，作业时严禁穿拖鞋、硬底鞋或易滑鞋操作。

(3)起重所用的材料、工具(如主拔杆、风缆、地锚、滑车、吊钩、钢丝绳、卷扬机和卡具等)应经常检查、保养和加油，发现不正常时，应及时修理或更换。土法起重应使用慢速卷扬机。所选用的受力机械、工具、材料均应按起重量通过计算确定，起重机吊钩和卡环最大起重量可参考表7—7、表7－8。

表7—7　起重吊钩最大起重量及主要尺寸参考表

吊钩序号	吊钩的最大起重量手动(t)	吊钩的最大起重量电动(kN)		主要尺寸(mm)							
		轻型或中型	重型或特重型	D	S	b	h	d	d_1	d_0	R
1	0.4	0.32	0.25	20	14	12	18	15	12	M12	3
2	0.5	0.4	0.32	22	16	13	21	15	12	M12	4
3	0.63	0.5	0.4	25	18	15	24	18	15	M14	4
4	0.8	0.63	0.5	30	22	18	26	20	17	M16	5
5	1	0.8	0.63	32	24	20	28	20	17	M16	5.5
6	1.25	1	0.8	36	26	22	32	25	20	M20	5.5
7	1.6	1.25	1	40	30	24	36	25	20	M20	6
8	2	1.6	1.25	45	33	26	40	30	25	M24	6
9	2.5	2	1.6	50	36	30	45	35	30	M27	7
10	3.2	2.5	2	55	40	34	52	35	30	M30	8
11	4	3.2	2.5	60	45	38	55	40	35	M33	9

续上表

吊钩序号	吊钩的最大起重量手动(t)	吊钩的最大起重量电动(kN)		主要尺寸(mm)							
		轻型或中型	重型或特重型	D	S	b	h	d	d_1	d_0	R
12	5	4	3.2	65	50	40	65	45	40	M36	9
13	6.3	5	4	75	55	48	75	52	45	M42	10
14	8	6.3	5	85	65	54	82	56	50	M48	12
15	10	8	6.3	95	75	60	90	62	55	M52	13
16	12.5	10	8	110	85	65	100	68	60	M56	13
17	16	12.5	10	120	90	75	115	80	70	M64	14
18	20	16	12.5	130	100	80	130	85	75	T70×10	16
19	—	20	16	150	115	90	150	95	85	T80×10	18
20	—	25	20	170	130	102	164	110	100	T90×12	20
21	—	32	25	190	145	115	184	125	110	T100×12	23
22	—	40	30	210	160	130	205	135	120	T110×12	25
23	—	50	40	240	180	150	240	160	140	T120×16	30
24	—	63	50	270	205	160	260	170	150	T140×16	35
25	—	80	63	300	230	190	290	190	170	T160×16	38
26	—	100	75	320	250	200	320	200	180	T170×16	40

表 7—8　起重用卡环尺寸及安全吊重参考表

A(mm)	B(mm)	C(mm)	D(mm)	安全吊重量(t)	理论自重(kg)	适用最大钢丝绳直径(mm)
6	35	12	M8	0.20	0.039	4.7
8	45	16	M10	0.33	0.089	6.5
10	50	20	M12	0.50	0.162	8.5
12	60	24	M16	0.93	0.304	9.5

续上表

A(mm)	B(mm)	C(mm)	D(mm)	安全吊重量(t)	理论自重(kg)	适用最大钢丝绳直径(mm)
16	80	32	M20	1.45	0.661	13.0
20	90	35	M24	2.10	1.145	15.0
22	100	40	M27	2.70	1.560	17.5
24	110	45	M30	3.30	2.210	19.5
27	120	50	M33	4.10	3.115	22.5
30	130	58	M36	4.90	4.050	26.0
36	150	64	M42	6.80	6.270	28.0
42	170	70	M48	9.00	9.280	31.0
45	190	80	M52	10.70	12.400	34.0
52	235	100	M64	16.00	20.900	43.5

(4)凡起重区均应按规定避开输电线路，或采取防护措施，并且应划出危险区域和设置警示标志，禁止非有关人员停留和通行。交通要道应设专人警戒。

(5)指挥人员应以色旗、手势、哨子等进行指挥。操作前应使全体人员统一熟悉指挥信号，指挥人应站在视线良好的位置上，但不得站在无护栏的墙头和吊物易碰触的位置上。

(6)起重用的钢丝绳应力，应根据使用情况确定安全系数。用作风缆的钢丝绳的抗拉强度不得小于荷载的3.5倍；手动机具不得小于4.5倍，电动机具不得小于5～6倍，用作水平吊重缆索时不得小于10倍。可参考表7－9。

表7－9　钢丝绳安全系数的最小容许值及滑轮的直径最小容许值

起重设备类型	传动性质与运动制度		鼓轮(即卷扬筒)或滑轮的最小容许直径 D	钢丝绳安全系统的最小容许值 K
悬臂、铁路、履带式、拖拉机式、汽车起重(包括改装为起重机的电葫芦)、建筑和临时工作用的起重设备	手　动		$\geqslant 16d$	4.5
	机械传动	轻	$\geqslant 16d$	5.0
		中型	$\geqslant 18d$	5.5
		重	$\geqslant 20d$	6.0

续上表

起重设备类型	传动性质与运动制度		鼓轮(即卷扬筒)或滑轮的最小容许直径 D	钢丝绳安全系统的最小容许值 K
其他各型的起重机和简单的起重设备	手　动		$\geqslant 18d$	4.5
	机械传动	轻	$\geqslant 20d$	5.0
		中型	$\geqslant 25d$	5.5
		重	$\geqslant 30d$	6.0
安设在各种可移动机械上荷重在 1t 以上的手动铰车			$\geqslant 12d$	4.0

注：d 为钢丝绳的直径。

(7)通过滑轮的钢丝绳不准有接头，起重钢丝绳的接头只许采用编结固接，用作风缆时可用卡具接；钢丝绳采用编结固接时，编结部分的长度不得小于钢丝绳直径的 15 倍，并不得少于 300 m，其编结部分应捆扎细钢丝。采用绳卡固接时，数量不得少于 3 个。绳卡的规格数量应与钢丝绳直径匹配(见表 7－10)。最后一个卡子距绳头的长度不小于 140 mm。绳卡滑鞍(夹板)应在钢丝绳工作时受力的一侧，U 形螺栓需拴在钢丝绳的尾端，不得正反交错。绳卡固定后，待钢丝绳受力后再度紧固，并应拧紧到使两绳直径高度压扁 1/3 左右。作业中必须经常检查紧固情况。

表 7－10　与绳径匹配的绳卡数

钢丝绳直径(mm)	10 以下	10～20	21～26	28～36	36～40
最少绳卡数(个)	3	4	5	6	7
绳卡间距(mm)	80	140	160	220	240

(8)风缆的锚点一般采用角钢或圆木短桩，锚桩按具体情况设置一根或两三根，桩入土深度不小于 1.5 m。如附近有坚固可靠的钢筋混凝土建筑物或构筑物，通过检查计算，也可拴系；但禁止拴在电杆、输电塔、管道、生产运行中的设备、树木、旧桩、脚手架(包括棚

架）和新砌筑的或薄弱的砖结构上。风缆锚点与拔杆（或井架）的距离应不小于拔杆高度（即与地面夹角不大于45°为宜）。如遇土质较软或受力较大的风缆则应挖坑埋置地锚，地锚用料和规格尺寸应经过计算，锚坑长度应不小于1.5 m，埋入深度也不小于1.5 m，但如果拔杆过长，井架过高（超过20 m）或风力较大，土质较软时，仍应通过计算加长加深。地坑复土应分层（必要时掺进砂石）夯实。

(9)垂直方向，不准用开口滑轮，滑轮的挂钩在挂着绳索后，需用8号以上的铅丝绑牢，以防滑脱。起重用的吊钩表面要光洁，不许有毛刺、裂痕、变形等缺陷，同时禁止在吊钩上焊接和钻孔或超荷使用。

(10)钢丝绳在起重卷筒上应排列整齐，磨损或腐蚀超过平均直径7%与节距断丝根数超过表7—11规定时，应更换不准使用。

表7—11　钢丝绳断丝更换标准（根）

钢丝绳结构型式	断丝长度范围	钢丝绳			
		6×19+1	6×37+1	6×61+1	18×19+1
交互捻	6d	10	19	29	27
	30d	19	38	58	54
同向捻	6d	5	10	15	18
	30d	10	19	30	27

(11)起重工作前应详细检查锚点和一切起重机具的牢靠程度，进行试吊；试吊时选择不利角度进行，观察拔杆（钢塔）的刚度有无发生过大弯曲、倾斜和扭转现象。吊起离地20～30 cm时，应稍停而做四周检查，如无异常，再继续进行操作。

(12)夜间作业应有足够的照明，遇恶劣天气及6级以上（含6级）大风时，应停止高处起重作业。

(13)起吊较重、太长的物体，除绳索钩紧吊环外，还应加跨过底部安全绳索一道以作保险；并应平稳缓慢上升，两端用拉缆拉稳。

(14)凡起吊物体构件左右两侧有临时支撑固定者（如屋架、吊车梁等），必须在吊钩钩紧、吊索张紧后，方准除掉临时支撑。

(15)风缆横跨交通时，应遵照交通安全规定的高度，并且做明

显的标志(如挂红布等)。牵引钢丝绳横跨路面时,应挖地坑埋置,坑面应铺上强度能承受来往车辆重量的盖板。牵引绳和变向滑轮在吊装中严禁一切人员在其内侧停留,变向滑轮应固定于牢固的物体或锚桩上。

怎样才能保障预制构件的装卸、运输和堆放的安全?

(1)构件装车时,不论平放、侧放、竖放,相邻构件间应接触紧密或楔稳,防止由于行车颠荡导致倾侧倒塌。多层堆叠,每层垫枋应在同一直线上,最大偏差小应超过垫枋横截面宽度的一半。构件支承点按结构要求以不起反作用为准构件悬臂(即由垫枋起至构件端部的一段),一般不应大于 50 cm。

(2)凡运载构件不应高出车厢围栏,而且应用绳索绑牢,更不许将构件一端搁置在驾驶室的顶面。

(3)起运物件,首先分清底面,按规定吊点起吊,两个或两个以上物件的面如互相不能平贴接触者,不许捆成一束起吊。

(4)各种构件应按施工组织设计的规定分区堆放,各区之间应保持一定距离。堆放地点的土质坚实,不得堆放在松土和坑洼不平的地方,防止下沉或局部下沉,引起侧倾甚至构件破裂。

(5)卸下构件应轻轻放落,垫平垫稳,方可除钩。

(6)堆放单个屋架时,两边要用木枋支撑,堆放数个屋架时,除第一个用两边支撑外,其余各个应用木枋将各个作水平联系。

(7)堆放单件薄腹或吊车梁时,每侧用不少于 2 根斜杆支牢。

(8)构件长度超出车厢长度 50 cm 以上者必须使用超长架,小型零星构件不应乱堆,应叠垛整齐,周围垫稳。

(9)外墙壁板、内隔墙板应放置在金属插放架内,下端垫长木枋,两侧用木楔楔紧。手放架的高度应为构件高度的 2/3 以上,上面要搭设 80 cm 宽的走道和上下梯道,便于挂钩。现场搭设的插放架,立杆埋入地下不少于 50 cm,立杆中间要绑扎剪刀撑,上下水平拉杆、支撑和方垫木必须绑扎成整体,稳定牢固。

(10)叠堆高度以不压坏最下一层为准,尤其注意较薄构件。巨大或异形构件应采用特制工具载运。

(11)靠放架一般宜采用金属材料制作,使用前要认真检查和验收。内外墙板靠放时,下端必须压在与靠放架相连的垫木上,只允许靠放同一规格型号的墙板,两面靠放应平衡,吊装时严禁从中间抽吊,防止倾倒。

(12)汽车载运构件行走在崎岖不平、拐弯转角或过桥下坡的路段,应放慢行车速度,不得急开急刹。

(13)撬拔重物时,支垫要选用坚固物体,工作时注意棍子打滑伤人。

(14)几个工人共同搬运重物时,应在一个人指挥下进行,所有动作必须互相一致,并呼号子,稳步前进,同起同落,不得任意撒手。

(15)重物搬移(起重)不允许利用建筑物或结构作为承力点,如受环境或机具限制时,应先行准确地计算重力对结构的影响,是否有足够的安全度,才可实施。

(16)在车船上装卸重物,靠近车厢或船旁时,不得背空站立,需以弓字马步站稳在物体两侧挪动,防止脱手坠落。

怎样才能保障预制构件安装的安全?

(1)构件就位而还没有固定前,不准用手搬或脚蹬构件。

(2)安装人员必须配挂安全带,清理鞋底泥土,扎好(衬)衫裤脚,佩上工具袋,小工具和零件应放进袋内,不准抛掷或随意放置。

(3)安装混凝土柱时,柱子插入杯 1∶3 以后,每边打入两个木楔,方可除钩。如柱长度在 12 m,重量在 10 t 以上,校正柱子时,只许微松木楔,不许整个拿出。大柱子校正完毕后,随用风缆拉紧或撑木固定。当灌缝混凝土强度达到 70%时,才可除去拉缆或支撑。严禁没有配挂安全带而在牛腿上工作;应搭设工作台或采用轻便的悬挂脚手。

(4)各种预制构件安装,必须按施工顺序对号就位,应保持垂直稳起。就位后,立即将构件的拉杆和支撑焊牢或锚固,方可除钩。禁止站在外墙板边沿探身推拉构件。

(5)不准在浮摆的构件上和沿钢丝绳上行走,必须在构件上行走操作时,应在构件已经放置在支座并稳定之后,而且构件应预先装设简便易装拆的临时护身栏。

(6)从插放架起吊墙板应用卡环卡牢,垂直稳起,墙板必须超过障碍物允许高度方可回转臂杆。

(7)起吊中的构件。禁止在上面放置不稳固的浮动物。

(8)墙板就位固定后不得撬动,需要撬动调整时,应重新挂钩。墙板安装过程中禁止拆移支撑和拉杆。

(9)安装壁板时,第一层(或第一块)应在装好拉顶斜撑后方可除钩,而且应在完成一个闭合间焊接牢固后才可拆除斜撑。上下层壁板就位后,应将预留钢筋立即焊牢,禁止下层壁板未焊牢前安装上层构件。

(10)外墙为砖砌体,内墙浇灌混凝土前,必须将外砖墙加固,防止墙体外胀。在拆除时,禁止把加固材料悬挂在墙体上和直接下扔。

(11)纵向壁板与横向壁板的交接或转角部位,应用特制的转角固定器,进行固定和校正。在未经焊接固定前不许拆除转角固定器。在安装过程中,应严密注意吊件或其他物体不得碰触各支撑件。

(12)阳台栏板和楼梯栏板,应随楼层安装。如不能及时安装,必须在外侧搭设防护栏杆。

(13)安装悬挑构件(如阳台、挑檐),在未焊接牢固前应逐层支顶其外挑部分,而且支顶应在整个建筑物安装完成后才可拆除,并严禁在悬挑部分放置重物或借力起重。

(14)挂钩应从里向外钩,起吊屋面板前检查四角是否钩紧。

(15)预制构件就位焊接牢固后,应立即将吊环割掉,防止绊脚。

(16)凡楼面或屋面板有足以坠入的孔洞者,在安装好后随即钉封洞口。

(17)安装第一个屋架时,在焊牢支座后,应在屋架两侧拉好缆风绳或采用其他固定性固定,方可除钩。以后安装每个屋架都要用不少于2根木条交相邻两屋架作水平联系稳定。跨度较长的屋架,应有防止变形的加固夹枋(水平撑杆和斜撑杆),其他相类似的构件均应同样办理。

(18)重大构件应加保险绳(过底绳),带有锐利棱角的构件应用麻袋木板等衬楔,以防切割绳索。

(19)安装多层结构时,应在建筑物四周,随吊装进度,逐层架设安全网。

(20)在坡度比较陡的屋面操作时,屋面两侧如无脚手架,应装设临时护身栏或架设安全网,或在屋面板上系好安全带。

(21)采用梯子上落时,梯脚应支牢。在梯子上工作时,踏脚点必须离梯顶端不小于1 m。

(22)进行吊装的场地,应划出危险地带,禁止非有关人员来往和停留。

怎样才能保障预制钢筋混凝土构件升板施工的安全?

(1)安设提升架丝杆要戴手套,下方锁固螺母要拧紧上牢。提升设备组装后,各处连接螺栓经检查合格后方可就位。就位的提升机应安设平稳,连接牢固。

(2)吊杆与楼板吊挂时,应把吊杆卡头放进提升环卡口内,防止吊杆卡头与提升环松脱。

(3)安装提升吊杆应先上后下,拆除时先下后上逐根进行。

(4)在正式提升前试升。无论试升或正式提升,发现提升设备运转不正常,承重钢销、提升环有明显变形,板柱之间净距明显变化,吊杆、丝杆弯曲变异等情况,应立即停机检查,消除故障后方可继续提升。

(5)提升前应认真进行检查,开关、电磁铁制动闸等要灵敏可靠,线路接通后,应进行电器设备检试。

(6)楼板每次提升要进行一次水平控制的调整,使楼板在允许提升差异范围内均匀上升。

(7)施工负责人(工长、施工员等)应向参加施工作业人员进行技术、安全交底,使作业人员熟悉和掌握提升程序,严格按照程序进行提升。

(8)提升中的楼板下方严禁通行。安装承重钢销的人字梯,用后必须将梯子平放。

怎样才能保障预制钢筋混凝土构件柱、板施工的安全?

(1)严禁在整个提升过程中,将升板结构作为其他设施的支撑点或拴拉缆风绳等。

(2)板在提升前,必须编制提升程序图。为使提升能同步进行,并减少差异,必须按正方形来划分板的提升单元,每一提升单元不宜超过40根柱。且板的强度应符合设计要求。

(3)板不应在中途悬挂停歇,若遇特殊情况必须悬挂停歇时,应采取有效的固定措施。

(4)各个提升单元必须进行群柱稳定性验算,未经可靠验算不得进行施工。实际施工时,力求降低提升机的着力点,确保柱的稳定性。

(5)若利用升板提运材料、设备时,必须进行验算,并在允许范围内堆放。

(6)在提升过程中,应经常检查提升设备的运转情况、磨损程度以及吊杆套筒的可靠性。

(7)预制柱的混凝土强度达到设计强度的70%以上,可运输及吊装。安装好的柱子,其吊装孔应在同一水平面上。

(8)对四层以上的升板,在提升过程中,最上两层板至:应有一层板交替与柱楔紧。板一经到位应立即与柱进行刚性连接或浇筑柱帽。板就位时,板底与承重销(或剪刀块)应平整严密。

参考文献

[1] 沈阳建筑大学. JGJ 46—2005 施工现场临时用电安全技术规范[S]. 北京:中国建筑工业出版社,2005.

[2] 北京市建设委员会. JGJ 146—2004 建筑施工现场环境与卫生标准[S]. 北京:中国建筑工业出版社,2004.

[3] 北京建工集团有限责任公司. JGJ 147—2004 建筑拆除工程安全技术规范[S]. 北京:中国建筑工业出版社,2004.

[4] 中国建筑科学研究院,哈尔滨工业大学. JGJ 130—2011 建筑施工扣件式钢管脚手架安全技术规范[S]. 北京:中国建筑工业出版社,2011.

[5] 甘肃省建筑工程总公司. JGJ 33—2001 建筑机械使用安全技术规程[S]. 北京:中国建筑工业出版社,2001.

[6] 哈尔滨工业大学,浙江宝业建设集团有限公司. JGJ 128—2010 建筑施工门式钢管脚手架安全技术规范[S]. 北京:中国建筑工业出版社,2010.

[7] 天津市建工工程总承包有限公司,中启胶建集团有限公司. JGJ 59—1999 建筑施工安全检查标准[S]. 北京:中国建筑工业出版社,1999.

[8] 上海市建筑施工技术研究所. JGJ 80—1991 建筑施工高处作业安全技术规范[S]. 北京:中国建筑工业出版社,1991.

[9] 中国建筑工业出版社. 现行建筑施工规范大全[S]. 修订缩印本. 北京:中国建筑工业出版社,2002.

[10] 中华人民共和国住房和城乡建设部. GB/T 50328—2001 建设工程文件归档整理规范[S]. 北京:中国建筑工业出版社,2002.